Die französische Originalausgabe erschien 2009 bei Éditions MILAN –
300, rue Léon-Joulin, 31101 Toulouse Cedex 9, Frankreich, unter dem Titel
50 réalisations avec bâtons et bouts de ficelle © Éditions MILAN.

Autor: Benoît Delalandre
Illustration: Amandine Labarre, Stéphane Sénégas
Satz und Covergestaltung: Graphicat, GrafikwerkFreiburg
Übersetzung: Susanne Bayer
Redaktion: Katrin Pertschy

2. Auflage 2011

www.christophorus-verlag.de

ISBN 978-3-8411-0015-3
Art.-Nr. VB110015

Printed in Italy

Benoît Delalandre

BAUMHAUS, BRÜCKE, WASSERRAD

50 Projekte mit Holz und Schnur

Illustriert von Amandine Labarre
und Stéphane Sénégas

Ins Deutsche übersetzt von Susanne Bayer

Velber kinderbuch

Bayard

INHALTSVERZEICHNIS

BAUEN

Es ist schönes Wetter und endlich wieder Sommer.

Du fühlst dich voller Energie, deine Hände kribbeln. Bevor du aber zum Hammer greifst und das Seil aufrollst, solltest du dir Zeit nehmen, um deinen zukünftigen Bauplatz gut auszuwählen. Versuche, dir dein zukünftiges Bauwerk in der umliegenden Natur vorzustellen. Wähle einen Ort aus, wo du dich wohlfühlst. Dort kann es zum Beispiel schön warm sein, du magst die große Buche dort besonders oder den Bach, der ganz in der Nähe der Wiese verläuft. Vor Ort musst du auch das nötige Material für dein Bauvorhaben finden können. Einen echten Turm, eine richtige Brücke, eine individuelle Hütte oder einen stabilen Staudamm zu bauen ist etwas ganz Besonderes. Dafür musst du nicht nur bestimmte Techniken kennen, sondern auch die Natur verstehen.

Einzigartigkeit

Es gibt keine zwei Brücken, die gleich lang sind; keine zwei Türme mit derselben Aussicht und jeder Baumeister baut sein eigenes Werk – jeder Mensch und alle Natur ist einzigartig!

Natur

Entdecke, was dich umgibt! Die Natur mit ihren Jahreszeiten oder tolle Bauwerke wie Mühlen, Brücken oder Häuser. Mit diesem Buch lernst du, die Natur besser zu verstehen, und du lernst, eigene Bauwerke zu gestalten. All diese Dinge werden dir viel Spaß machen!

Technik

Dieses Buch wurde geschrieben, um dir bei deinem Bauprojekt zu helfen. Suche dir die Ideen aus, die dir am besten gefallen. Vielleicht bekommst du sogar Lust darauf, eine Hütte über einen Staudamm zu bauen oder einen Turm über eine Brücke.

Ein gelungenes Bauwerk muss nützlich, sicher, gemütlich und schön sein. Das Grundmaterial ist immer Holz.

HOLZ BEARBEITEN

Jeder Baum wächst gegen den Himmel, um dort nach Licht zu suchen. Damit er seine gewaltige Masse tragen kann, braucht der Baum einen mächtigen Stamm, tiefe Wurzeln und starke Äste. Diese bestehen aus einem ganz speziellen und außerordentlichen Material, dem Holz. Große Bäume sind die größten Lebewesen, die es auf der Erde gibt.

Ernährung des Baumes

Die Baumwurzeln nehmen Wasser und Mineralien aus dem Boden auf. Die Blätter des Baumes nehmen Kohlendioxid aus der Luft auf und fangen das Licht der Sonne ein. Doch der Baum nimmt nicht nur auf, sondern er gibt wertvollen Sauerstoff an seine Umwelt ab. Für uns Menschen und für Tiere ist Sauerstoff überlebenswichtig.

Wachstum des Baumes

Der Baum wächst ständig. Um das zusätzliche Gewicht auszuhalten, wird der Stamm dicker. Jedes Jahr kommt ein neuer Jahresring zu den vorherigen hinzu. Der Querschnitt eines Stammes erzählt die Geschichte des Baumes.

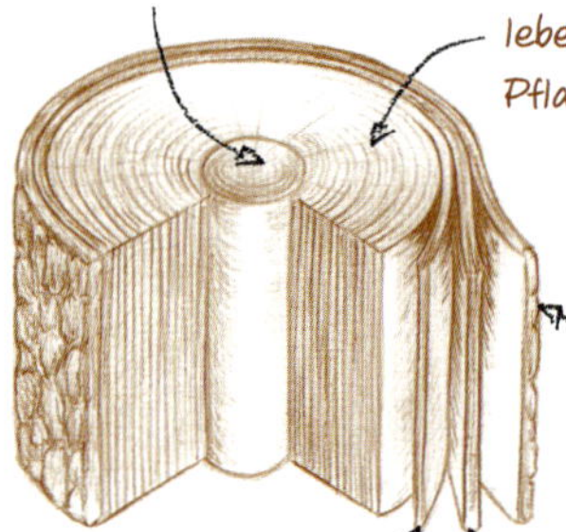

Der Wettstreit um das Licht

Im Wald wachsen die Pflanzen himmelwärts, um nach Licht zu suchen. Je dichter die Bäume beieinanderstehen, desto höher und aufrechter sind ihre Stämme. Bäume wachsen im Hochwald oder im Unterholz.

In einem **Hochwald** haben die Bäume genügend Platz, um zu wachsen. Ihr leichter Schatten macht es anderen Pflanzen möglich, zu ihren Füßen gut zu gedeihen.

Im **Unterholz** werden die Bäume regelmäßig in der Nähe des Bodens geschnitten. Neue Triebe schlagen wieder aus und bilden mit der Zeit mehrere Stämme. Die Menschen kümmern sich um den Bestand des Unterholzes, um Brennholz zu gewinnen.

Holz

Das ist das Grundmaterial für jedes natürliche Bauwerk. Es ist stabil, anpassungsfähig und einfach zu bearbeiten. Aber nicht alle Hölzer haben die gleichen Eigenschaften. Hier kannst du lernen, sie zu unterscheiden.

Harte Hölzer (für große Bauwerke)
- Eiche
- Buche
- Kastanie

Weiche Hölzer (für kleine Gegenstände, Schnitzereien)
- Haselnussstrauch
- Pappel
- Espe

Die Nadelhölzer sind zu meiden, wenn man nicht möchte, dass Hände und Kleider mit klebrigem Harz beschmiert werden.

Hohle Hölzer
- Holunder: Man findet ihn überall. Es reicht, wenn man das weiße Mark aus seinem Innern herausholt.
- Esche: Man muss die Rinde entfernen. Genau diese Rinde wird dann als Rohr verwendet.
- Japanischer Staudenknöterich: Diese Pflanze wächst überall in sehr dichtem Gehölz auf Böschungen, Wegen und unbebautem Gelände. Im September verdorrt der Knöterich und eignet sich dann ideal zum Herstellen von Panflöten.
- Bambus: Der Bambus ist kein Baum, sondern eine riesige Graspflanze. Am besten ist es, wenn du den stehenden, trockenen Bambus erntest. Dieser bekommt keine Risse.

Einen Baum fällen

Man fällt nicht jeden beliebigen Baum! Einen kleinen Baum in freier Umgebung verschont man besser. So hat er die Chance, ein richtig schöner Baum zu werden. Wenn er aber an einem Ort wächst, wo es viele andere Bäume gibt, kommt sein Verschwinden den Nachbarn zugute. Man muss die Fallrichtung bestimmen. Wenn der Baum sich ein wenig neigt, ist das die geeignete Richtung. Das Gebiet, in das er fallen soll, muss unbedingt freigeräumt sein. Wenn es nötig ist, müssen störende Äste abgeschlagen werden. Der Fall des Baumes wird beaufsichtigt, indem man sich an die Seite stellt (nicht hinter den Baum, weil die Stammbasis oft gewaltig nach hinten ausschlägt). Wenn du einen Baum fällen willst, musst du dir zuerst eine Genehmigung des Ordnungsamtes deiner Gemeinde einholen. Auf alle Fälle muss dir ein Erwachsener dabei helfen.

Mache einen geraden Sägeschnitt.

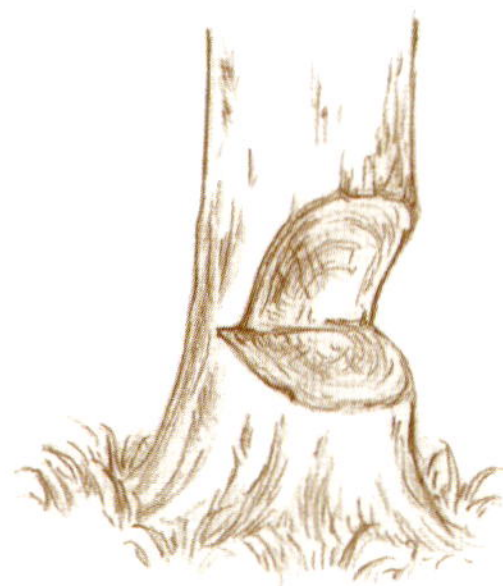

Schlage mit dem Beil eine Kerbe in den Stamm.

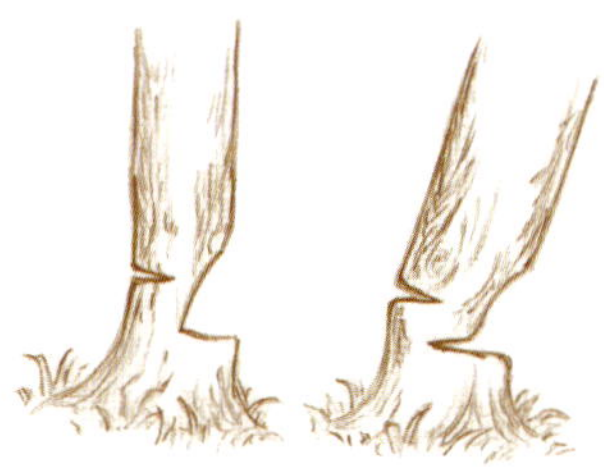

Der zweite Sägeschnitt, knapp über dem ersten, schließt die Arbeit ab.

WERKZEUG

Natürlich hast du immer ein Taschenmesser dabei. Ganz tief in deiner Tasche sollte es überall dein ständiger Begleiter sein. Es gehört dir und passt zu deiner Größe. Es liegt gut in deiner Hand. Es hat viele Funktionen. Zusätzlich brauchst du noch Werkzeug wie ein Hammer oder eine Axt. Für die Bearbeitung von Holz brauchst du gutes Spezialwerkzeug.

SCHNEIDEN

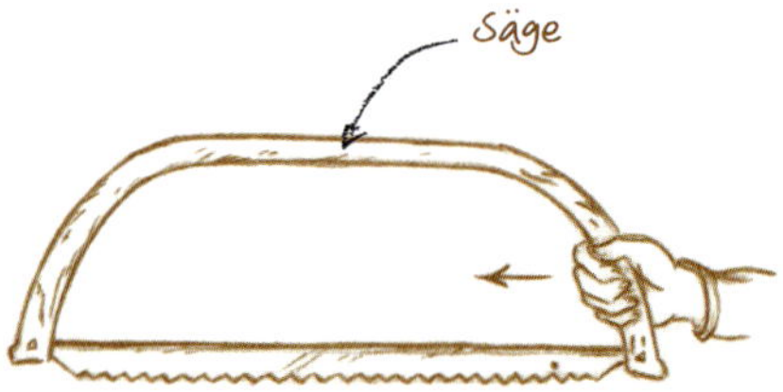

Taschenmesser

Du pflegst dein Taschenmesser, indem du es regelmäßig einfettest und schleifst. Bewege dein Messer auf dem Holz immer von deinem Körper weggerichtet, also wie bei einem Streichholz. Das ist wichtig, denn wenn das Messer wegrutscht, kann so die Klinge nicht auf deine andere Hand treffen. Dein Messer muss unbedingt mit einer Sicherung ausgestattet sein.

Säge

Halte die Säge mit der Hand ganz unten am Griff. Ziehe mit einem kleinen Ruck zu dir hin, um mit dem Schnitt zu beginnen. Übe keinen Druck aus, lasse die Säge arbeiten.

Heckenschere

Sehr praktisch, um große Mengen von Zweigen zu schneiden.

RICHTIG HÄMMERN

Hammer

Zerdrücke die Nagelspitzen, damit das Holz nicht gespalten wird.

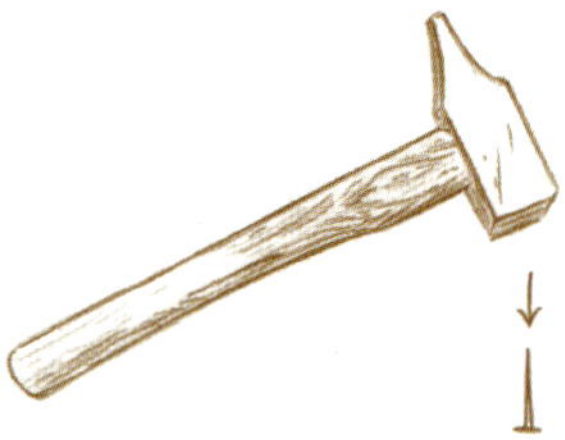

Einen Holzhammer bauen

Schneide ein Stück Holz auf die Maße von 7 x 10 cm und löse die Rinde ab. Bohre seitlich ein Loch mit 2 cm Durchmesser. Wähle für den Stiel einen Stock, der etwas größer ist als das Loch. Löse dessen Rinde ab und verkleinere seinen Durchmesser mit deinem Taschenmesser. Schlage den Stiel kräftig hinein. Verriegele ihn mit einem kleinen Keil aus trockenem Holz (*siehe* S. 17). Schneide alles ab, was überragt.

RICHITG SCHNITZEN

Stechbeitel

Klopfe mit der flachen Hand oder einem Holzhammer auf das hintere Ende des Stechbeitels. So schlägst du kleine Kerben in das weiche Holz.

NÄGEL

Nimm keine verzinkten Nägel und auch keine rostfreien Nägel. Wenn du irgendwann kein Interesse mehr an deinem Bauwerk haben solltest, müssen die Nägel rosten können, damit sie sich von selbst auflösen.

RICHTIG HACKEN

Das Beil

Das Prinzip besteht darin, eine Kerbe in Form eines Vs (*siehe* S. 11) zu schlagen. Dafür musst du zuerst rechts und dann links schlagen. Das Beil wird nur benutzt, um frisches Holz zu schlagen. Es ist sehr schwierig, morsches Holz zu bearbeiten.

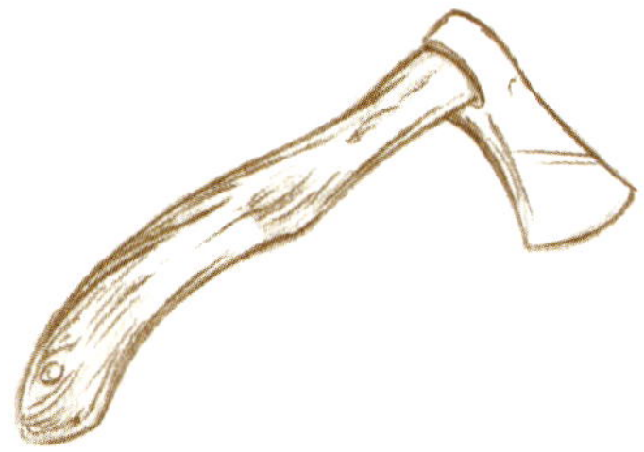

SICHERHEIT

1. Stelle dich nie jemandem gegenüber, der ein Beil benutzt. Die Klinge könnte sich vom Stiel lösen.
2. Dein Bein sollte sich nie in der Bewegungsbahn des Beils befinden.

Der Keil

Ein Keil wird verwendet, um Holz zu zerteilen. Setze den Keil auf eine Spalte. Schlage dann auf den Keil. Er vergrößert die Spalte und versinkt. Setze ein Stück weiter in der Spalte einen zweiten Keil und schlage auch ihn in das Holz. Das Holz wird dann weiter geteilt. Außerdem löst sich der erste Keil. Diesen kannst du wieder in die Spalte weiter vorne stecken und daraufschlagen. So wird der Holzstamm irgendwann in zwei Hälften auseinanderfallen.

RICHTIG BOHREN

Nagelbohrer und Lochbohrer

Du solltest immer nur im frischen Holz bohren. Trockenes Holz ist nämlich manchmal so hart, dass es sich unmöglich bearbeiten lässt.

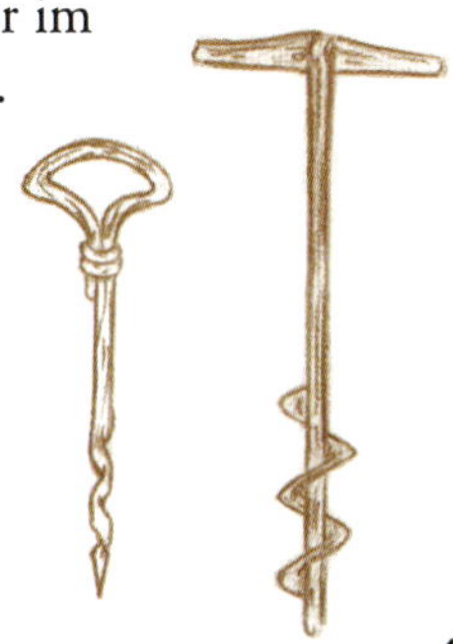

SICHERHEIT

Gut geschliffenes und scharfes Werkzeug ist sehr wichtig. Es funktioniert exakter und du brauchst nicht so viel Kraft.

KNOTEN

Im Leben eines jeden Abenteurers muss man unbedingt wissen, wie man bestimmte Knoten macht. Sie können dir in vielen Situationen nützlich sein.

SCHNÜRE

Sisal
Der Sisal kommt von den mexikanischen Agaveblättern. Die Landwirte bedienen sich dieser Blätter, um damit Strohbündel zu schnüren.

Raphia
Das sind die Blattfasern einer Palme.

Baumwolle
Mit diesem Faden webt man Kleider.

Liane
Das Geißblatt, die Klematis, die Glyzinie, das Immergrün oder der Efeu sind Lianen. Ziehe an den Lianen, die immer wild umeinanderwachsen, und entferne sie dann von ihren Zweigen und Blättern. Flechte sie, um aus ihnen feste Seile zu machen.

ZUM VERBINDEN VON ZWEI SEILEN

Kreuzknoten

Das ist der klassische Doppelknoten. Pass auf, dass er sich nicht zusammendreht.

Fischerknoten

Wenn der Kreuzknoten rutscht, ist genau dieser Knoten zu machen. Die Fischer verwenden ihn für die Nylonfäden ihrer Angelschnur.

Weberknoten

Dieser Knoten ist äußerst nützlich, um Netze und Hängematten zu machen.

EIN SEIL ÜBERSICHTLICH AUFRÄUMEN

Rolle das Seil zusammen, lege dann eine Schlaufe, um daraus einen Knoten zu machen.

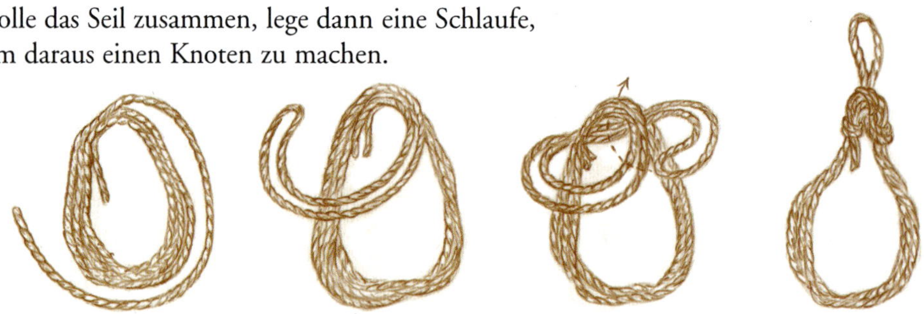

DAS SEIL MIT EINER STÜTZE VERBINDEN

Mastwurf

Das ist der Knoten, der am häufigsten verwendet wird.

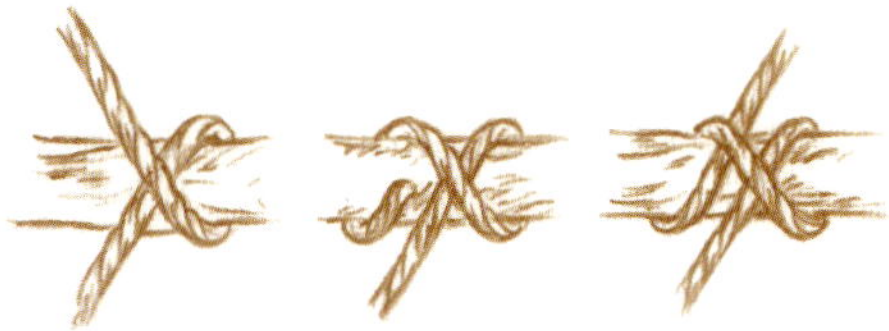

Lerchenkopf

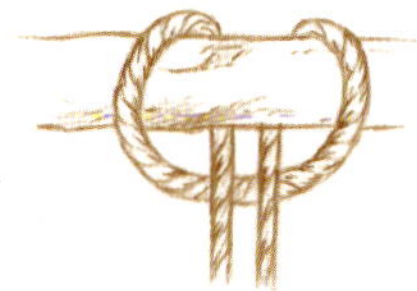

Schlinge

Füge am Seilende einen kleinen Knoten hinzu, damit der Lauf gestoppt wird.

Sackstich

Er dient zum Schlaufenmachen.

Paketknoten

Für das schnelle Bauen einer Strickleiter.

Tipp

Mache den Knoten nass, um ihn vorläufig zu »festigen«. So wird er sehr widerstandsfähig.

WEITERE KNOTEN

Palstek

Das ist ein Knoten mit einer ganz festen Schlaufe, der sehr leicht wieder zu lösen ist. Stell dir vor, das lange Seilende wäre eine Schlange, die Schlaufe ein Brunnen und das kurze Ende ein Baum.

Mache einen Brunnen, indem du zur linken Seite hin eine Schlaufe machst.

Die Schlange kommt aus dem Brunnen, windet sich um den Baum …

… und fällt wieder in den Brunnen zurück.

Knoten für Bretter

Dieser Knoten wird hauptsächlich zur Befestigung von Regalen verwendet.

Ziehe die Schlaufe unter dem Brett durch.

HOLZVERBINDUNGEN

Holz, ein Seil, Werkzeuge und etwas Geschicklichkeit reichen aus, um etwas Tolles zu bauen. Gleichzeitig kannst du dabei Rücksicht auf die Umwelt nehmen. Um zwei Stäbe aneinander zu befestigen, kannst du entweder Schnur verwenden oder eine reine Holzverbindung.

SCHNUR

Nebeneinander

Schiebe ein Stück Holz in den Knoten, um zu verhindern, dass sich die Stäbe drehen.

Beliebiger Winkel

Flache Stelle

Ritze in jeden Stab eine flache Vertiefung. Lege die Stäbe aneinander und mache einen Knoten.

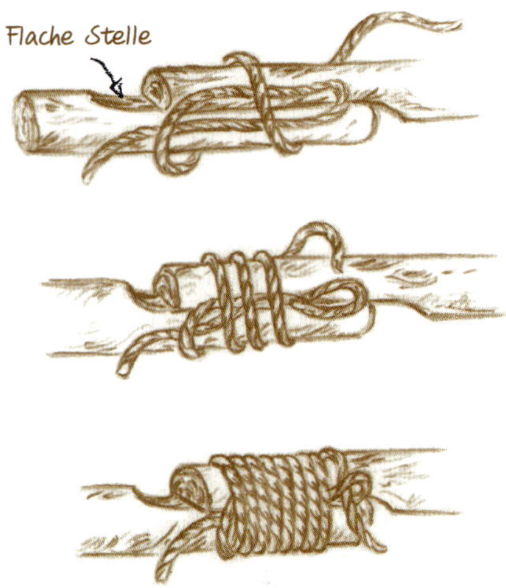

Rechter Winkel

Um zwei Stäbe oder einen Stab und einen Baum zusammenzufügen.

1. Methode

Beginne mit einer Schlinge.

2. Methode

Lege das Seil doppelt.

Beende den Vorgang, indem du die beiden Enden mit einem Doppelknoten verbindest.

Der Bau eines Dreibeins

Dreibeinbund

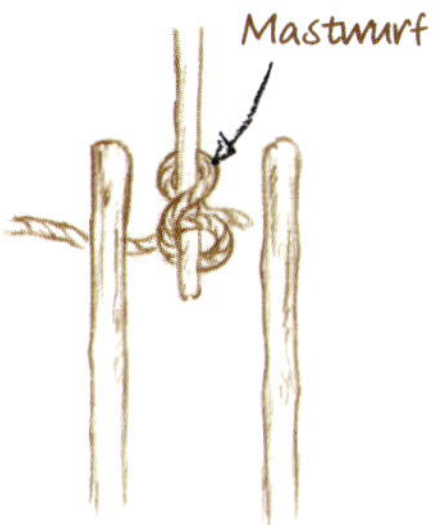

Mache einen Mastwurf bei der mittleren Stange.

Gehe dreimal abwechselnd unter und über die zwei anderen Stangen.

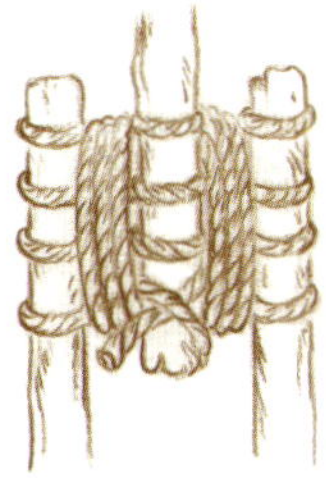

Mache zweimal drei Umdrehungen zum Festziehen. Beende den Vorgang mit einem Doppelknoten.

Drehe die zweite Stange um.

DIE HOLZVERBINDUNG

Zapfen und Zapfenloch

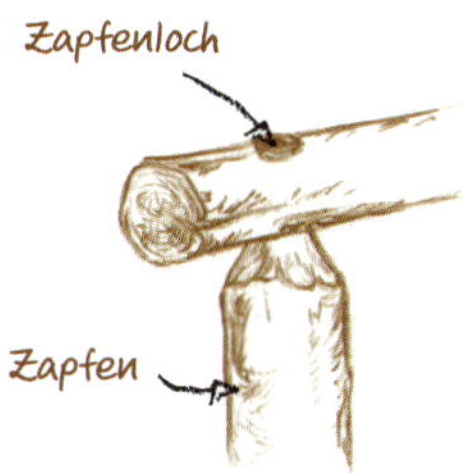

Bohre ein Loch (das Zapfenloch) in ein Rundholz. Spitze ein anderes Rundholz (Zapfen) mit dem Beil oder mit dem Messer an. Der Zapfen sollte etwas größer sein als das Loch. Füge dann beides mit Kraft zusammen.

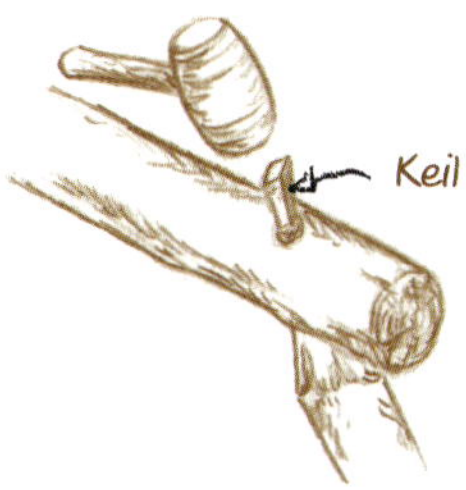

Um den Zapfen zu festigen, schlage einen kleinen Keil aus trockenem Holz senkrecht in das Zapfenloch hinein.

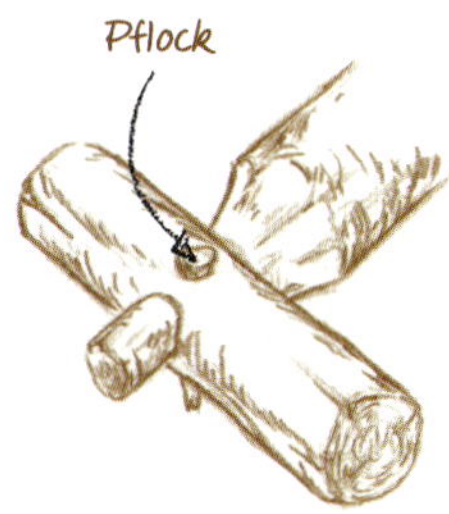

Wenn du willst, dass sich deine Verbindung wieder lösen kann, befestige sie mit einem Pflock. Ein kurzer Schlag mit dem Holzhammer genügt, um diesen wieder zu lösen.

OHNE NÄGEL UND OHNE SCHNUR

Bei Holzverbindungen verwendest du Zapfen und Zapfenlöcher ohne viele Hilfsmittel.
Diese Technik wurde von Michel Froissart, Pfadfinderleiter während des Zweiten Weltkriegs, entwickelt. Damals gab es wenige Nägel und Schnüre.

Einen Querbalken auf einem Pfosten befestigen

Schäftung

Ist üblich bei Rundhölzern mit mindestens 5 cm Durchmesser.

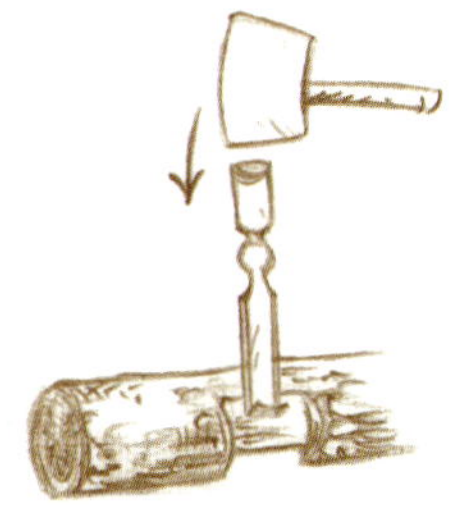

Verbindung mit Nägeln

Ritze mit dem Messer ein wenig die beiden Oberflächen ein, die miteinander verbunden werden sollen. Schlage drei Nägel ein, damit die Vorrichtung sich nicht dreht.

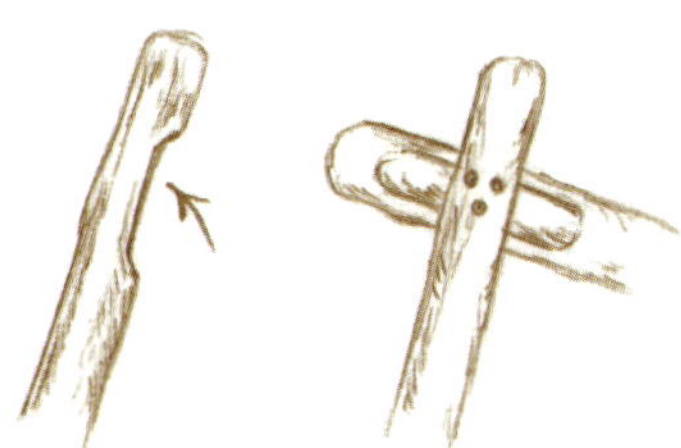

AM WASSER

Es ist Sommer. Es ist heiß. Der Bach plätschert und schlängelt sich durch die Wiese. Es ist unmöglich zu widerstehen. Genau hier, wo es kühles und klares Wasser gibt, muss man bauen, spielen oder angeln. Hier hat man die Gelegenheit, mal kurz ins Wasser zu springen und sich damit zu erfrischen.

BRÜCKEN

Brücken erlauben dir, den Fluss zu überqueren, ohne dabei nass zu werden. Brücken ermöglichen es dir gegebenenfalls, die Füße in das vorbeifließende Wasser baumeln zu lassen. Wähle ein Modell aus, das deinem verfügbaren Material, deiner Kraft und deinen technischen Fähigkeiten entspricht.

EINFACHER BRÜCKENBELAG

- 2 feste, gleich lange Stäbe in der Breite des Wasserlaufs plus 2 m
- 10 bis 20 Querbalken, jeweils 1 m lang
- 8 Holzpflöcke
- 1 Seil

- Lege die beiden Stäbe über den Bach. Klemme sie mithilfe von acht Pflöcken fest.
- Befestige mit dem Seil die Querbalken, indem du abwechselnd über den Querbalken und unter den Stab gehst.

STEGE MIT HANDLAUF

- Schlage auf jeder Seite des Baches einen Pflock in den Boden.
- Verkeile die beiden Rundhölzer hinter den Pflöcken, indem du sie ineinander steckst.
- Befestige die Stäbe an den Rundhölzern, indem du abwechselnd über die Stäbe und unter das Rundholz gehst.
- Füge den Handlauf hinzu.

- 2 Pflöcke, jeweils 1,50 m lang
- 3 gleich lange Stäbe in der Breite des Wasserlaufs plus 2 m
- 2 Rundhölzer, jeweils 1 m lang
- 1 Seil

Wende die Technik »Flache Stelle« an (*siehe* S. 16), um zu vermeiden, dass die Querbalken und der Handlauf sich drehen.

AFFENBRÜCKEN

Diese Brücken können sehr schnell eingesetzt werden. Der Fluss darf nicht zu breit sein. Achtung! Bei dieser Brücke musst du ganz schön sportlich sein, um den Fluss überqueren zu können.

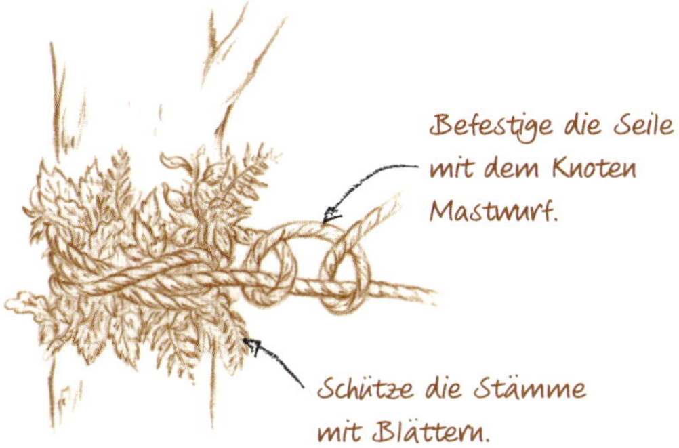

Eine bequemere Variante:

Das untere Seil wird ersetzt durch einen Querbalken. Dieser Balken ist mit einem Dreibein verbunden, der in der Flusssohle steckt. Achte darauf, dass der Querbalken stabil liegt.

MÜHLEN

Fließendes Wasser, wie Bäche oder Flüsse, bringen Mühlen in Bewegung. Schon viele Kinder haben sich Geräte ausgedacht, die trotz der Strömung im Wasser stehen bleiben. Es macht einfach sehr viel Spaß zu beobachten, wie sich kleine Mühlen im Wasser bewegen. Man kann sie verbessern, umgestalten und sogar an einen anderen Platz setzen, damit sie besser laufen. Eine Mühle besteht ganz einfach aus zwei Stützen, einer Achse und Schaufeln.

DEN PLATZ AUSWÄHLEN

Nutze die Energie, die der Bach an uns weitergibt. Setze deine Mühle mitten in die Strömung, weit weg von Strudeln und Wellen, unter einen Wasserfall oder auch auf einen Staudamm, den du selbst gebaut hast (*siehe* S. 24–25). Wenn der Bach breit ist, darf er nicht tief sein, damit du die Pfähle im Wasser aufstellen kannst. Wenn er schmal ist, ist es unwichtig, wie tief er ist, da du die Pfähle dann am Ufer aufstellst. Wenn du den Bach kanalisierst, wird die Strömung schneller.

MÜHLEN MIT MEHREREN SCHAUFELN

- 2 Pfähle mit einer Astgabelung
- 1 gerader Ast vom Haselnussstrauch, 40 cm lang, mit 2 cm Durchmesser
- 1 kleines Holzbrett, 8 x 12 cm groß
- 1 kleines Brett aus weichem Holz
- 1 Metallsäge zum Schneiden

Löse die Rinde vom Ast ab. Durchbohre den Ast, sodass (wie auf der Zeichnung) vier Spalten von 3 cm Länge entstehen.

Schneide vier kleine Bretter in den Maßen 2 x 12 cm zurecht. Verbreitere jede Spalte mithilfe des Taschenmessers und schiebe die kleinen Bretter dort hinein.

Stelle die Pfähle in der Strömung so auf, dass sie das Wasser um ungefähr 5 cm überragen. Löse die Rinde von der Pfahlgabel ab, damit sich die Achse besser dreht.

Lege den Ast auf die Pfähle. Das Wasserrad dreht sich!

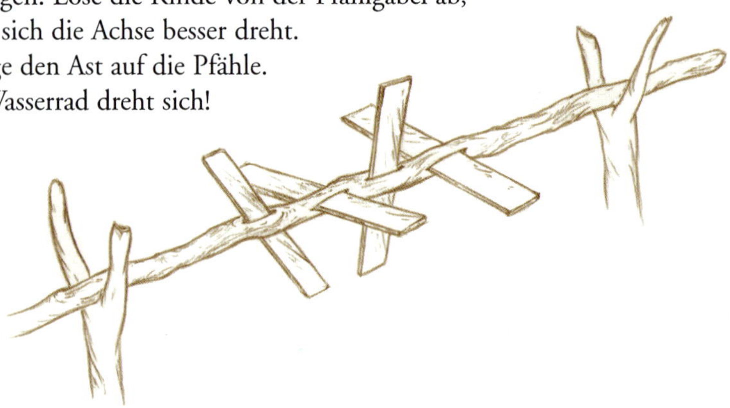

Wenn sich die Achse verschiebt, kannst du diese auf zwei Arten festklemmen:

Entweder du spaltest den Ast an beiden Enden und fügst dort zwei kleine Holzstückchen ein

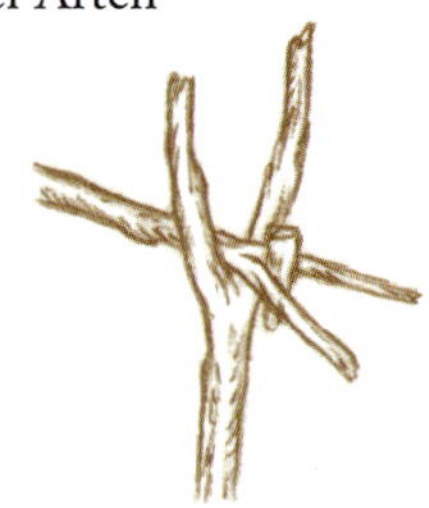

oder du hebst rund um den Ast herum eine Kehle aus.

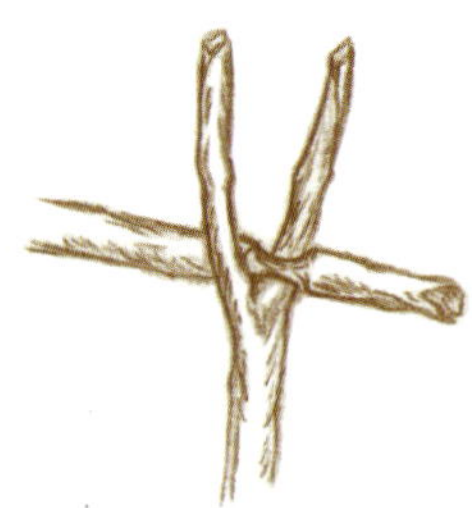

Tipp
Wenn man die Schaufeln vergrößert, dreht sich die Achse noch besser.

KORKENMÜHLEN

- 2 Stöcke mit einer Astgabelung
- 1 Nagelbohrer
- 1 kleines Stöckchen ohne Rinde vom Haselnussstrauch (oder eine Spießspitze)
- 2 Korken
- Holzleim

Durchbohre den Korken, damit über Kreuz zwei längliche Einschnitte entstehen (Länge: 2 cm). Dann durchbohre den Korken mit dem Nagelbohrer von oben nach unten. Stecke das Stöckchen hinein. Schneide vier Bretter in den Maßen 2 x 6 cm zurecht. Trage auf die Kante von jeder Schaufel ein bisschen Leim auf und schlage sie dann in die Kerben hinein.

Stelle die Stöcke mit Astgablung in der Strömung auf. Die Astgabeln sollten das Wasser um ungefähr 5 cm überragen. Lege das Stöckchen auf die Pfähle und klemme die Achse mit zwei Korkscheiben fest.

Richte die Höhe der Mühle ein, indem du die Pfähle mehr oder weniger tief einschlägst.

TAMBURIN

Es ist zwar keine richtige Musik, aber dafür ist es schön laut! Du kannst ein richtiges Orchester gründen, wenn du die Anzahl der Mühlen erhöhst. Da sie nicht mit derselben Geschwindigkeit laufen, spielen sie verschiedene Rhythmen.

- 1 Korken
- Faden
- Galläpfel der Eiche
- 1 Stück trockene Rinde oder eine Camembertschachtel

- Ziehe mit einer großen Nadel zwei Fäden quer durch den Korken. Durchbohre mit den Fäden die Galläpfel und befestige sie so.
- Spieße den Korken auf die Achse der Mühle am Ende der Pfahlgabel.

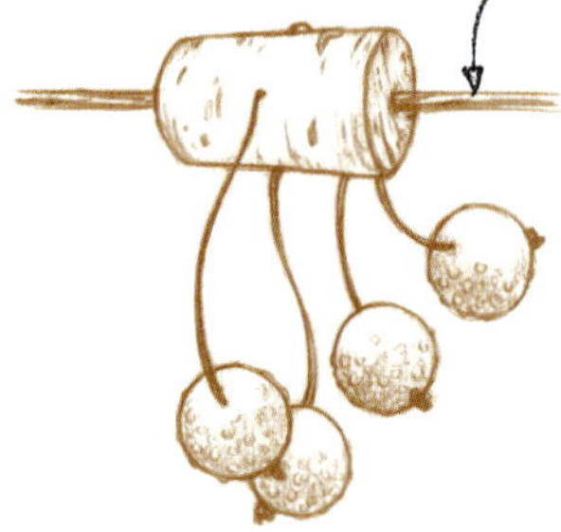

Wenn die Achse stark genug ist, befestige die Fäden, indem du sie oben festnagelst.

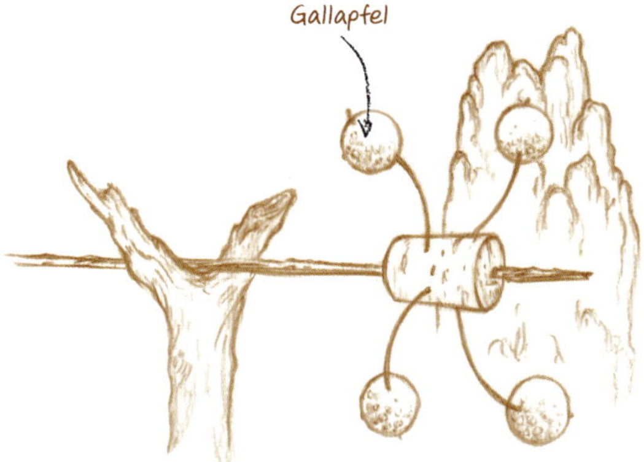

- Verkeile ein Stück Rinde mithilfe von Steinen oder Stöckern. Wenn du nun den Stock mit den Galläpfeln drehst, schlagen sie an die Rinde.

GALLAPFEL DER EICHE

Es beginnt alles mit einer kleinen Wespe, die in das Blatt einer Eiche sticht, um dort ihr Ei abzulegen. Der Baum bildet dann eine große Kugel, den Gallapfel. Im Innern dieser Kugel frisst die kleine Larve, gut geschützt, das Fruchtfleisch, mit dem der Gallapfel gefüllt ist. Wenn sie ausgewachsen ist, bohrt sie sich durch die Wand und fliegt davon. Einige Zeit später kommt sie zur Eiche zurück, um ihrerseits in die Blätter zu stechen.

Klapperspiel

- Schlage rund um den Stock herum Nägel ein.
- Stelle eine geöffnete Konservendose so hin, dass die Nägel an ihren Deckel schlagen.

Wenn du zwischen den Nägeln unterschiedliche Zwischenräume lässt, zum Beispiel 3 + 1, kannst du einen neuen Rhythmus schaffen.

DAS WASSERRAD

Das ist ein ganz altes System, um Wasser aus einem Bach zu pumpen. Benutze es als Zulauf für ein Becken, den Bewässerungsgraben für deinen Gemüsegarten oder um einen kleinen Bach zu errichten, der sich vor deiner Hütte entlangschlängelt.

- 1 Fahrradreifen
- 6 leere Konservendosen
- Eisendraht
- 1 ausgehöhlte Stange oder eine Rinne
- 2 Astgabeln

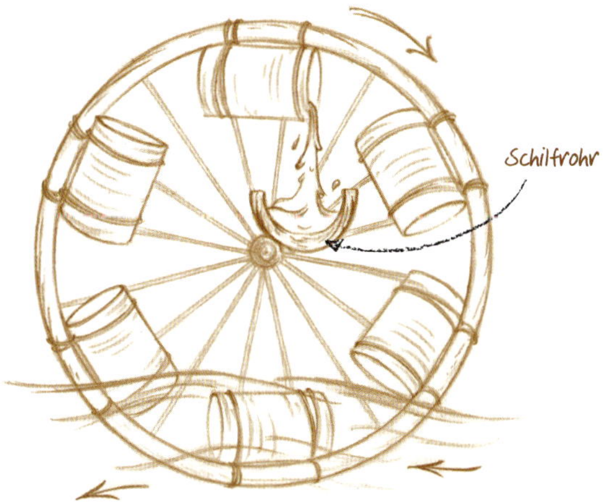

- Befestige auf einem Fahrradreifen Konservendosen mit Eisendraht.
- Stelle den Reifen auf wie eine Mühle mit Achse und Gabeln (*siehe* S. 21).
- Setze das Schilfrohr oder die Rinne in den Reifen, damit die Dosen sich darin entleeren können.

VORSICHT
Überziehe scharfe Kanten mit Klebeband!

STAUDÄMME

Staudämme zu bauen
ist spannend. Du brauchst Kraft und Verstand, weil jemand gegen deinen Staudamm kämpft – die Strömung. Wenn du das Wasser staust, bekommst du ein tieferes Becken zum Planschen oder eine stärkere Strömung für den Antrieb deiner Wassermühle. Trotz Staudamm findet der Bach immer einen Weg zu fließen. Wenn er deinen Staudamm nicht niederreißt, fließt er darüber hinweg, seitlich daran vorbei oder er ändert einfach seine Richtung.

- Schilf- und Binsenblätter
- Ein großer Haufen Steine unterschiedlicher Größe

Zuerst muss man eine möglichst stabile Pyramide aus Stein bauen. Von ihrer Höhe hängt die Tiefe des zukünftigen Beckens ab (zum Beispiel 50 cm). Wähle für das Fundament die größten und flachsten Steine. Lege sie in mehreren Reihen quer durch den Bach.

Befestige dann auf diesem Fundament die mittleren und danach die kleinen Steine. Bemühe dich, bei jeder Schicht jeden Stein so gut wie möglich festzuklemmen.

Webe eine Matte aus Binsenblättern (*siehe* S. 43) von der Größe des Staudamms. Lege sie an die Steine, und zwar dort an die Seite, wo die Strömung ankommt. Klemme sie auf dem Boden und oben auf dem Staudamm fest (du kannst die Matte auch durch große stabile Papierbögen oder ein altes Bettlaken ersetzen).

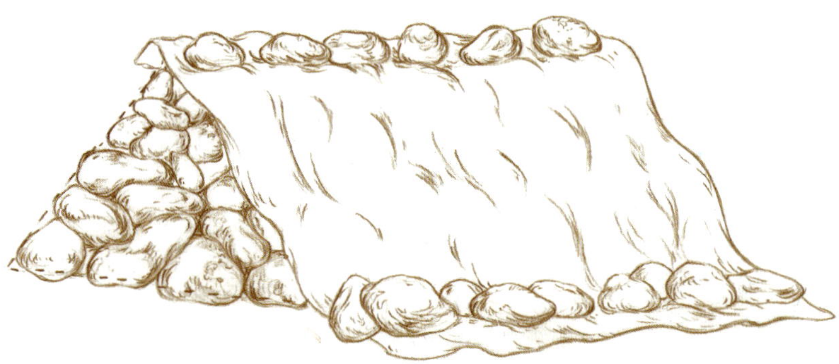

MEHRZWECKSTAUDAMM

Im Mittelalter bauten die Bauern zahlreiche kleine Staudämme, um Wasservorräte einzurichten und ihre Mühlen laufen zu lassen. Im Becken züchteten sie Fische und ließen Holzbalken für Dachstühle einweichen, damit diese widerstandsfähiger werden konnten. Manche haben dort Leinen oder Hanf verrotten lassen, um die Fasern vom Rest der Pflanze leichter zu trennen. Mit diesen Fasern haben sie Stoffe hergestellt.

WARUM BAUEN BIBER STAUDÄMME?

Der Biber fühlt sich im Wasser viel wohler als auf dem Festland. Wenn er Staudämme baut, setzt er das Gelände ringsum unter Wasser und kann sich so in aller Ruhe schwimmend in den verschiedenen Bereichen seines Geländes bewegen. Er versteckt den Eingang seiner Hütte unter Wasser: Seine Jungen werden so vor Räubern geschützt und können ganz beruhigt sein. Auch kann der Biber leicht das Holz transportieren, das er zum Bauen und zum Fressen braucht.

Wenn du willst, dass sich eine Mühle dreht, musst du einen schmalen Kanal schaffen, durch den die Strömung fließt. Umrahme diesen Kanal mit den beiden größten flachen Steinen.

Tipp

Wenn du wieder weggehst, vergiss auf keinen Fall, deinen Staudamm zu beseitigen, damit der Bach sein Bett wiederfindet und seine Bewohner ihre gewohnte Ordnung haben.

ANGELPARTIE

Eine Angelpartie bietet die Möglichkeit, eine schöne Zeit am Wasser zu verbringen. Du kannst nach Belieben in Teichen oder kleinen Seen angeln, wenn du vom Eigentümer eine Genehmigung hast, denn dies sind geschlossene Wasserflächen. Dagegen brauchst du bei einem Fluss, einem Bach oder einem großen Fluss einen Angelschein.

KÖDER

Man muss oft mehrere Köder ausprobieren. Beginne mit einem Regenwurm. Du findest ihn an feuchten Orten, unter Steinen, dichten Laubhaufen oder Kuhfladen. Wenn nicht angebissen wird, versuche es mit einem Kügelchen Brotkrume, einem in kochendem Wasser aufgeweichten Weizen- oder Maiskorn, einem Stück Käse oder einer kleinen Made.

ANGELRUTE

- 1 Rute aus Bambusrohr, am Ende spitz zulaufend, 3 m lang
- 1 Angelschnur, 3 m lang
- 1 Angelhaken Nr. 18 oder 20
- 1 Korken
- 1 Streichholz
- Knetmasse

Rute: Befestige mithilfe einer Schlinge das Ende der Schnur an der dünnen Spitze des Bambusrohrs.

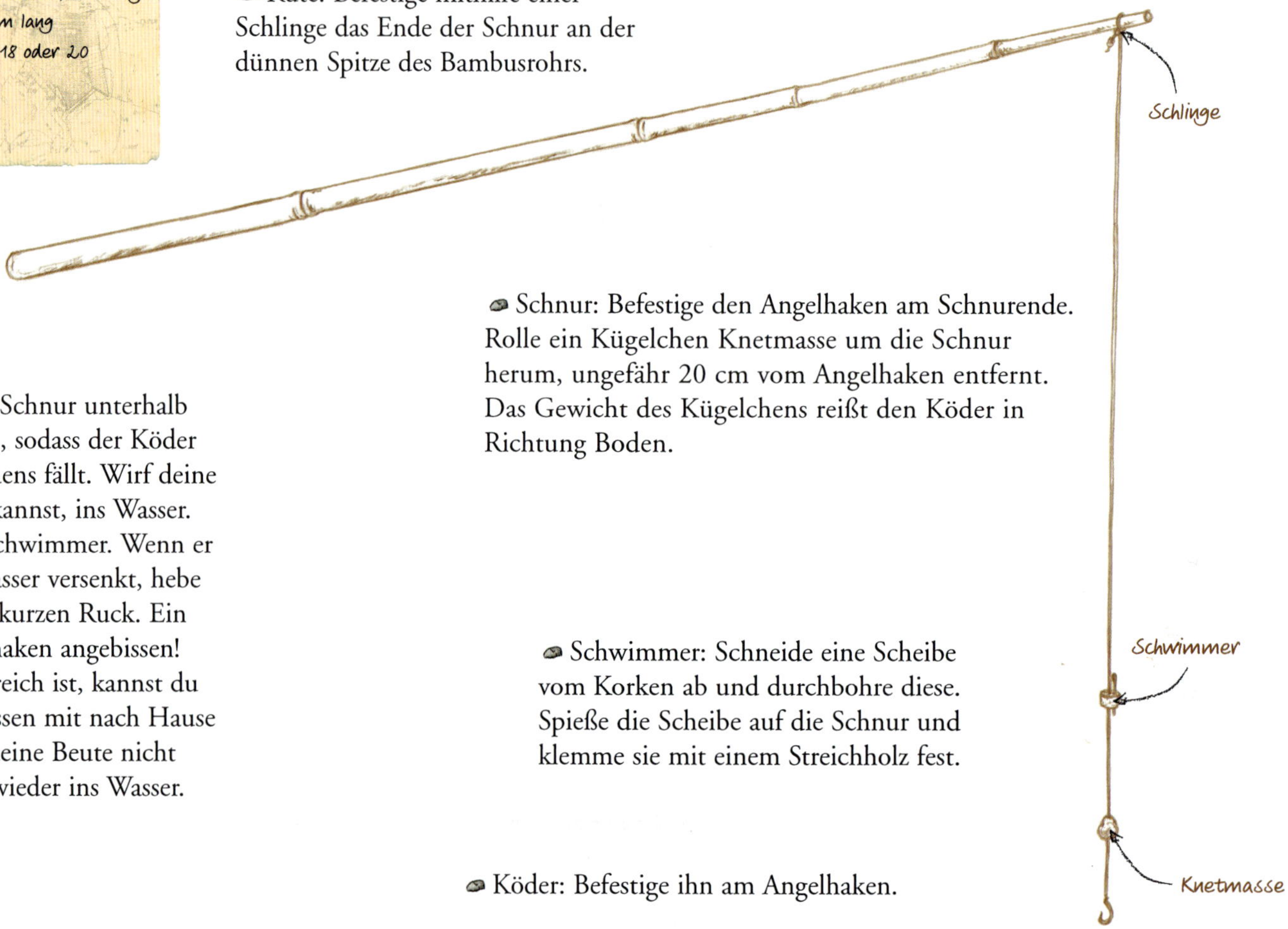

Schnur: Befestige den Angelhaken am Schnurende. Rolle ein Kügelchen Knetmasse um die Schnur herum, ungefähr 20 cm vom Angelhaken entfernt. Das Gewicht des Kügelchens reißt den Köder in Richtung Boden.

Schwimmer: Schneide eine Scheibe vom Korken ab und durchbohre diese. Spieße die Scheibe auf die Schnur und klemme sie mit einem Streichholz fest.

Köder: Befestige ihn am Angelhaken.

Angeltechnik

Stelle die Länge der Schnur unterhalb des Schwimmers ein, sodass der Köder in die Nähe des Bodens fällt. Wirf deine Schnur, so weit du kannst, ins Wasser. Beobachte deinen Schwimmer. Wenn er sich plötzlich im Wasser versenkt, hebe die Rute mit einem kurzen Ruck. Ein Fisch hat am Angelhaken angebissen! Wenn der Ort fischreich ist, kannst du ein schönes Abendessen mit nach Hause bringen. Wenn du deine Beute nicht essen willst, gib sie wieder ins Wasser.

FISCHEN IM HINTERHALT

Diese Methode des Fischfangs entspricht der von Jagdtreibern. Jagdtreiber treiben das Wild in Richtung der Jäger, die sich mit ihren Gewehren verstecken.

- Tiefe Lattenkisten oder Reusen
- Mit Blättern bedecktes Reisig (Haselnussstrauch, Erle …)
- Einige laute Freunde

Reusen sind Körbe mit Löchern. Durch die Löcher kann Wasser fließen, doch Fische sind zu groß, um hindurchschwimmen zu können. Bedecke die Reusen mit Blättern und tauche sie ins Wasser. Bewege dich nicht mehr. Freunde, die dich begleiten, stellen sich als Jagdtreiber auf und gehen lärmend in Richtung Reusen. Die erschrockenen Fische werden sich in den Blättern verstecken. Es genügt, die Reusen im richtigen Moment zu heben, um einen wunderbaren Fang zu machen.

EINIGE WASSERBEWOHNER

Am Ufer:

Die Biberratten haben tiefe Gänge gegraben. Der Eisvogel mag auch Fische.

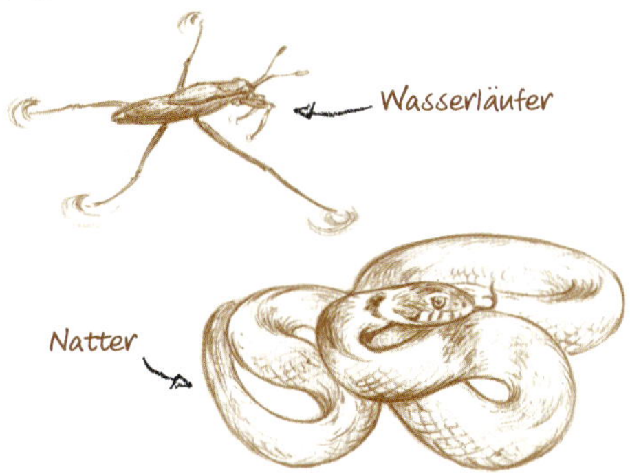

Auf dem Wasser:

Der Wasserläufer gleitet auf der Oberfläche auf der Suche nach Insekten, die ins Wasser gefallen sind. Die Ringelnatter verschlingt einen kleinen Frosch.

Unter Wasser:

Die Libellenlarve ist eine hungrige Fleischfresserin. Die Wasserspinne transportiert unter Wasser ihre Luftblase, damit sie nicht ertrinkt. Das Garnelenmännchen führt seine Liebste auf dem Rücken spazieren und macht ihr kleine Geschenke.

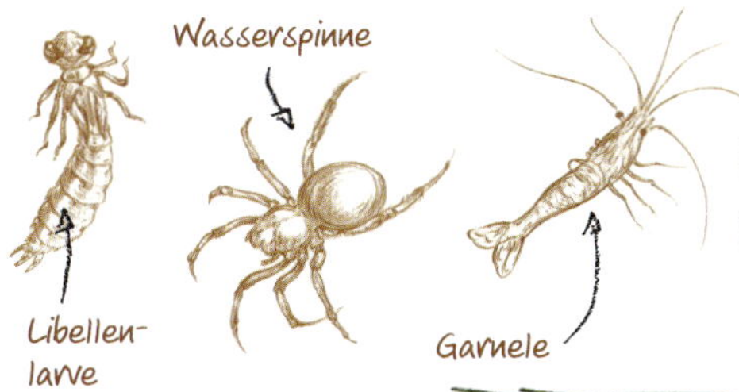

WURFGESCHOSSE

Wurfwaffen (z. B. Schleuder, Blasrohr, Bogen oder Armbrust) machen den Einsatz von Wurfgeschossen aus der Entfernung möglich. Mit diesen Waffen kannst du deine Geschicklichkeit üben. Und wer weiß, vielleicht helfen sie dir eines Tages zu überleben, wenn du allein an der Küste einer einsamen und feindlichen Insel strandest!

SCHLEUDER

Die Schleuder war lange Zeit eine Waffe, die im Krieg eingesetzt worden ist. Römische und griechische Heere hatten Massen von Soldaten, die mit Schleudern kämpften. Sie setzten nicht auf Treffsicherheit, sondern auf die Anzahl der Wurfgeschosse, die auf das Feindesheer niedergingen. Konzentration und schneller Beschuss waren wichtig und sehr wirkungsvoll.

- 2 Schnurstränge, 60 cm lang
- 1 Stück Leder, 10 x 10 cm groß
- Runde Wurfgeschosse (Esskastanien, Kieselsteine ...)

Leder

Nimm einen alten Schuh und schneide daraus ein Stückchen Leder aus. Klopfe das Leder zwischen zwei Rundhölzern weich.

- Schneide ein Stück Leder aus und mache ein Loch in seine Mitte, um dort ein Wurfgeschoss hineinzulegen.
- Bohre zwei kleine Löcher in beide Enden, und befestige dort 1 cm vom Rand des Leders zwei Schnüre.

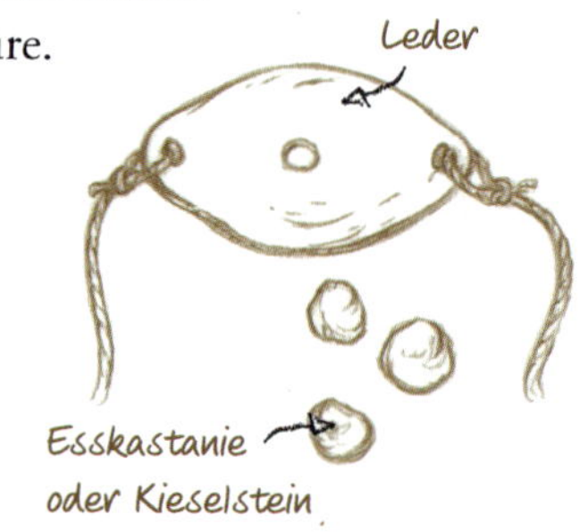

Wurfstellung

Befestige das eine Ende der Schnur um dein Handgelenk und halte das andere Ende in der Hand. Kreise schnell mit deinem Arm in Zielrichtung. Du musst das Pfeifen der Schleuder hören. Lasse dann die Schnur im richtigen Moment los. Das gelöste Wurfgeschoss rast gegen das Ziel. Es braucht eine bestimmte Anzahl von Versuchen, um diesen »richtigen Moment« zu finden. Also übe an einem sehr übersichtlichen Platz, wo keine Menschen vorbeikommen.

BLASROHR

- 1 Holunderzweig, 50 cm bis 1 m lang
- Wurfgeschosse (dünne Zweige, kleine Früchte ...)

Entferne das Mark des Holunderzweigs mithilfe eines Stöckchens aus hartem Holz.

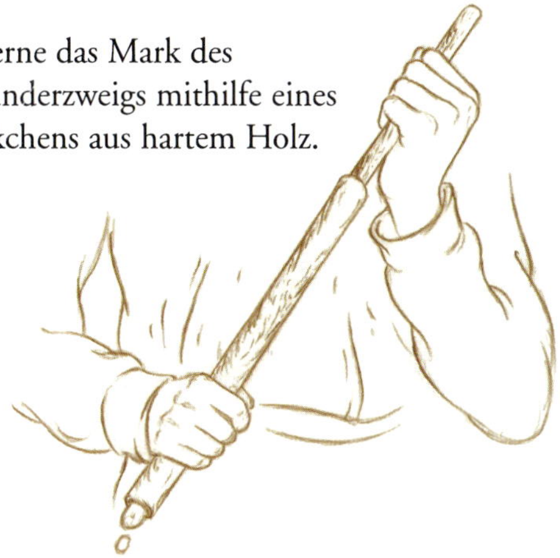

Nimm das Wurfgeschoss in den Mund. Schließe die Lippen und puste dann kurz und kräftig in das Rohr. Versichere dich, dass niemand in der Nähe ist, insbesondere nicht in der Flugbahn des Wurfgeschosses.

SICHERHEIT

Du weißt, dass Waffen gefährlich sind. Vorsicht also: Schieße auf nichts, was sich bewegt. Schieße nicht in die Luft. Wähle Ziele an einem Ort aus, den du gut überblicken kannst. Beachte, dass deine Geschosse auf dich zurückprallen könnten.

BLASROHR VOM AMAZONASGEBIET

Das ist die Jagdwaffe der Indianer vom Amazonasgebiet. Aus dem Holz der Palme hergestellt, sind sie ungefähr 3 m lang. Die kleinen Pfeile sind aus den Rippen von Palmblättern geschnitten. Sie sind bestrichen mit Kurare, einem starken lähmenden Gift. Mithilfe eines Piranha-Kiefers schneiden die Indianer in der Nähe der Pfeilspitze eine kleine Kerbe. Wird ein Tier von dem Pfeil getroffen, versucht es ihn herauszuziehen. Dabei zerbricht das Tier den Pfeil und die vergiftete Spitze bleibt in seinem Fleisch stecken.

PFEIL UND BOGEN

Vor 50.000 Jahren fragte sich der Mensch, wie er Wild jagen könnte, ohne den Tieren zu nahe zu kommen. Er versuchte zunächst, spitze Steine mehrere Meter weit zu werfen. Dabei fehlte es jedoch an Schlagkraft. Dem Mensch fiel auf, dass Äste deutlich und leicht nachgaben, sobald man sie bog. So hatte er die Idee, diese Kraft zu nutzen, und verband die beiden Astenden mit einer Liane. Der Bogen war geboren.

BOGEN

- 1 gerader Ast, 1,50 m lang, Durchmesser 2 cm
- Ganz gerade Holzstöckchen
- Schnur

- Löse die Rinde vom Ast ab.
- Wickele in der Mitte des Astes für die Gestaltung des Handgriffs eine 15 cm lange Schnur auf.
- Hebe jeweils 2 oder 3 cm von den Astenden entfernt eine Kerbe aus.

Tipp

Vermindere den Druck, wenn du den Bogen wegräumst, damit er biegsam bleibt.

- Mache eine Schlaufe am Schnurende (Sackstich, *siehe* S. 15).
- Ziehe sie in eine Kerbe.
- Biege den Ast. Messe die erforderliche Schnurlänge ab. Mache jetzt die andere Schlaufe und ziehe sie in die zweite Kerbe.

RICHTIGE HÖLZER FÜR DEN BOGEN:

Weide, Eiche, Esche und natürlich der Haselnussstrauch. Wenn du einen Ast vom Fuß des Haselnussstrauchs abschneidest, wendest du die »Unterholztechnik« an. Dieser Schnitt hilft dabei, dass neue biegsame und gerade Stängel nachwachsen können. Mit diesen Ästen kannst du dann Zäune aufstellen, Möbel bauen oder Pfeil und Bogen herstellen.

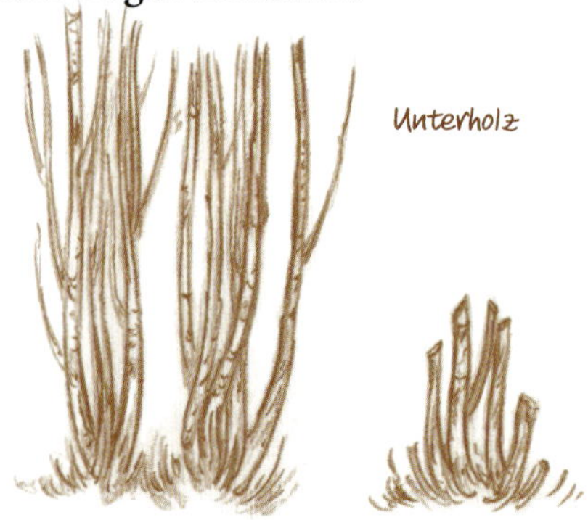

Weiden werden über ihrem Stamm »geschnitten«. Da sie große Kugeln bilden, haben sie auch den Spitznamen »Kopfweide«.

PFEILE

Nimm ganz gerade Stöckchen.
Sie müssen etwas länger als dein Arm sein.

- Gerade Holzstöckchen
- Pro Pfeil eine Feder
- Schnur

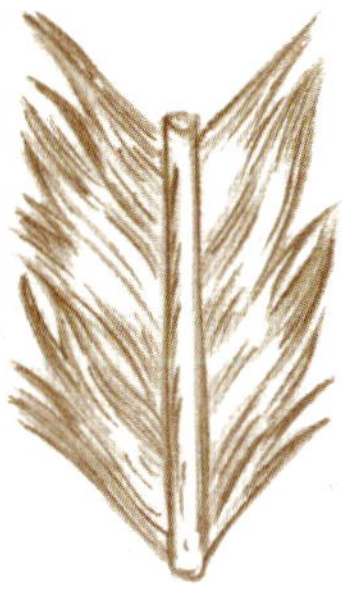

Schneide die Feder oben und unten so ab, dass nur der mittlere Teil übrig bleibt.

Spalte ein Ende des Stöckchens und stecke dort die Feder hinein. Befestige die Feder mit zwei Schnüren. Jetzt hast du gerade eine Pfeilbefiederung durchgeführt.

Mache am Pfeilende eine Kerbe, um dort die Schnur des Bogens einzufügen, wenn du schießen willst.

Die richtige Schießstellung

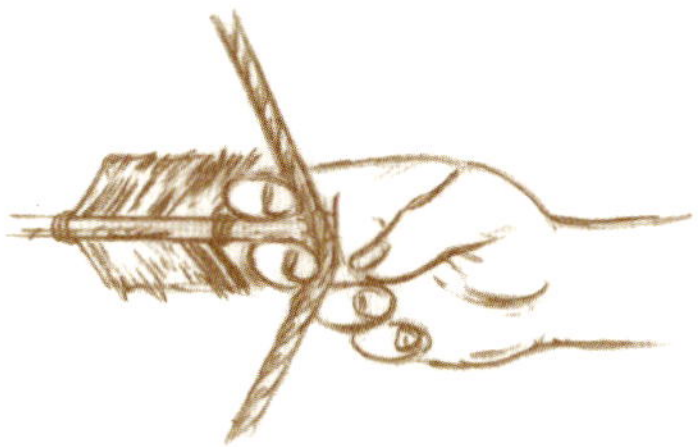

Färbe die Federn feuerrot, indem du sie in Farbe tauchst. Dann findest du die Pfeile im Gebüsch leichter wieder.

ARMBRUST

Mit einer Armbrust kannst du genauer zielen als mit Pfeil und Bogen. Um eine Armbrust zu bauen, benötigst du Bambus.

- 1 Bambus, 50 cm lang, 2 cm Durchmesser
- 2 Stöckchen vom Haselnussstrauch, 40 x 1,5 cm groß für die Armbrust und 40 x 1 cm für das Geschoss
- Schnur aus Sisal oder Hanf (weicher, wenn sie auf dem bloßen Arm reibt), 80 cm lang
- 1 Schraubenzieher
- 1 zuverlässiges Taschenmesser
- 1 Feile und Glaspapier

Nimm ein Bambusrohr und spalte die obere Hälfte ab. Nach 25 cm hörst du damit auf – jetzt hast du ein Rohr, das bis zur Hälfte gespalten ist. Verwende dafür grünen (lebenden) Bambus, denn er ist leichter zu schneiden.

Beseitige mithilfe eines Schraubenziehers die Füllung, die den Bambus in Höhe der Äste verschließt. Schleife mit einer Feile das Innere gut ab. Es darf keine Unebenheit übrig bleiben.

Füge dem Bambusrohr, 10 cm vom Ende entfernt, eine Kerbe hinzu. Dort legst du das Haselnussstöckchen hinein und verknotest es mit dem Bambus.

Schneide in die beiden Enden des Haselnussstöckchens Kerben ein.
Befestige eine Schnur in den Kerben.

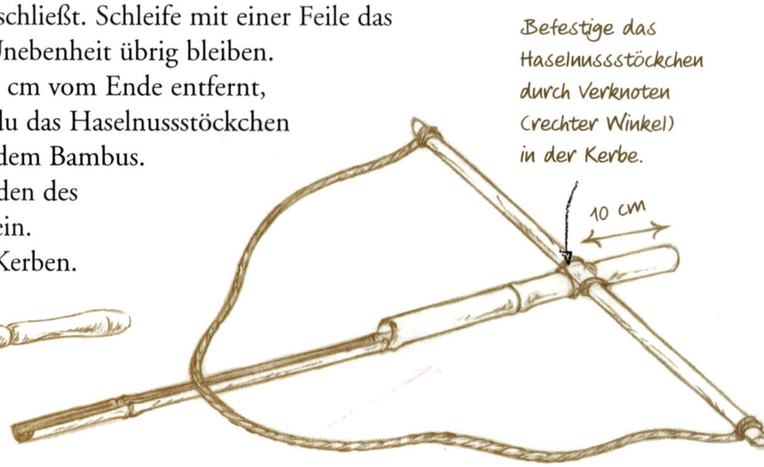

Die richtige Schießstellung

Geschoss

Das ist der Name, den man dem Pfeil für die Armbrust gegeben hat. Entferne die Rinde des kleinen Stöckchens. Schneide das dicke Ende spitz zu. Mache auf der anderen Seite eine Kerbe.

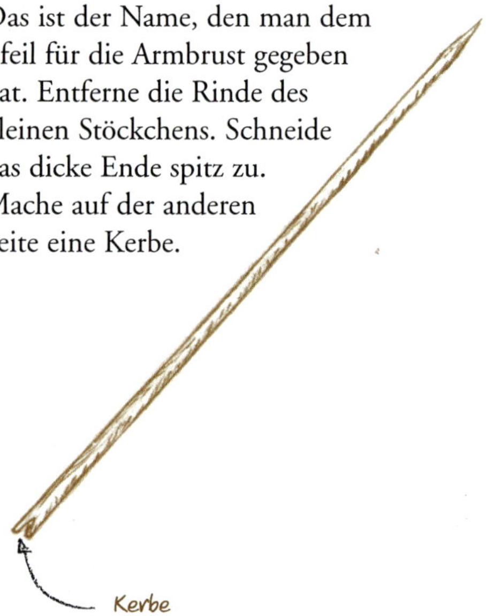

POLYNESISCHER PFEIL

- 1 Stöckchen, 80 cm lang, 2 cm Durchmesser
- Schnur, 1,40 m lang
- Karton
- Schnur

Das ist eine Technik, die seit ewigen Zeiten bekannt ist. Der Pfeil wird mit der Hand geworfen, mit einem Stück Schnur. Das Ganze erzeugt den Effekt »einer Schleuder«, die den Pfeil sehr weit schleudern kann.

Schneide am dünnen Ende des Stöckchens zwei Spalten über Kreuz von 12 cm Länge ein.

Schneide diese zwei Formen aus Karton (10 x 10 cm) aus und füge sie ineinander zusammen.

Schiebe die Flügel in die Spalten des Stöckchens.

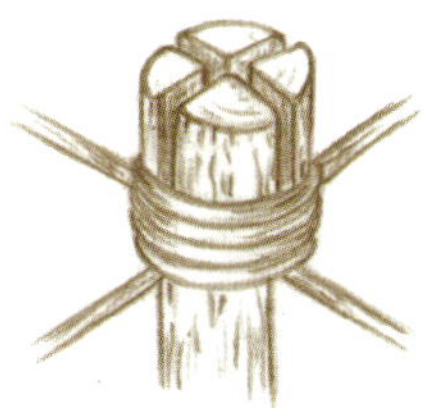

Verbinde sie mit Schnur.

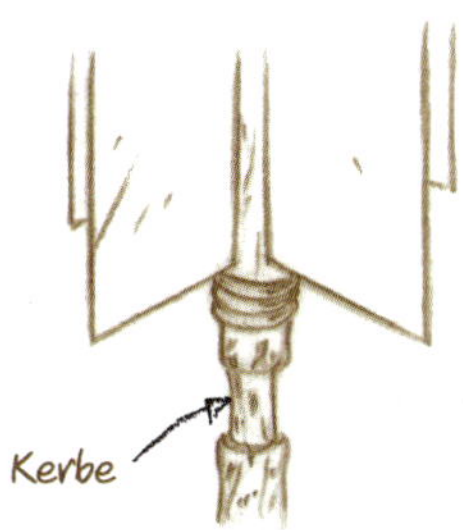

Hebe im Holz eine 3 cm von den Flügeln entfernte Kerbe aus.

Wie wirft man einen Polynesischen Pfeil?

Mache am Schnurende einen Knoten. Ziehe die Schnur um die Kerbe und befestige sie mit dem Knoten.

Die Schnur ist gut gespannt und um deine Hand gewickelt. Wirf deinen Pfeil wie einen Speer, ohne dabei die Schnur loszulassen. Achtung: Der Pfeil flitzt ganz schön weit weg!

SICHERHEIT

Man zielt nie, auch nicht zum Spiel, auf eine Person oder ein Tier. Während eines Wettkampfs stellen sich die Spieler, die nicht schießen, hinter den Schützen.

LUST AUF MUSIK

Baue dir Pfeifen, um Vögel anzulocken, oder kleine Instrumente, um Lärm zu machen. Dafür genügen ein Blatt oder eine Feder. Du brauchst Geduld, bis sich aus einem schrillen Ton eine schöne Melodie ergibt.

KRACH MACHEN

Hütchen einer Eichel: Klemme das Hütchen zwischen Zeige- und Mittelfinger, halte die Faust geschlossen. Setze deine Lippen oberhalb des Hütchens an und puste hinein.

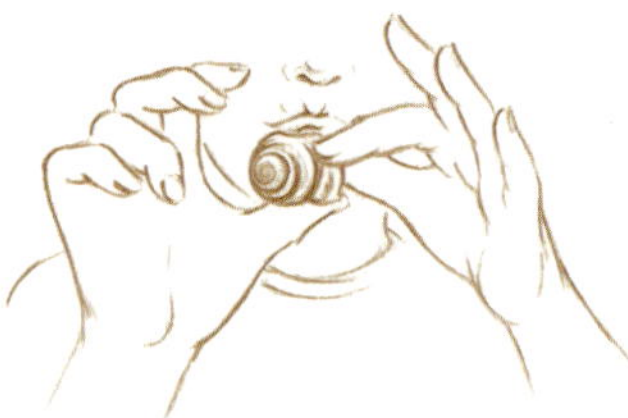

Schnecke: Reibe ein leeres Schneckengehäuse auf einem kleinen Stein, bis das Schneckengehäuse ein Loch bekommt. Verschließe das Gehäuse mit deinem Daumen und blase über den Rand des Loches.

Blatt der Stechpalme: Kratze mit deinem gut geschärften Taschenmesser behutsam über die Mitte des Blattes, bis sich das schimmernde Häutchen ablöst. Blase darüber: Die Membran vibriert und kitzelt deine Lippen.

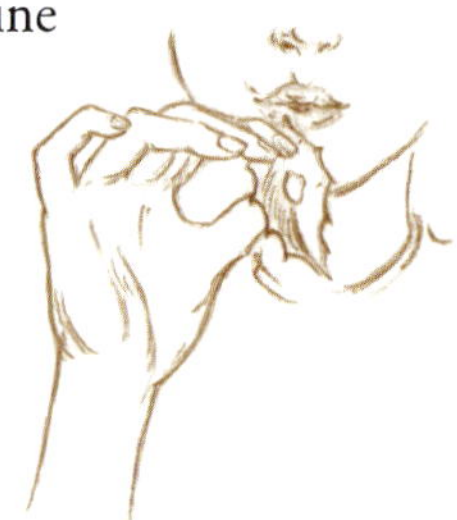

Blatt der Buche: Forme mit deiner Hand eine Wölbung. Lege das Blatt obendrauf. Schlage mit der anderen Hand flach auf das Blatt und es knallt ganz laut! Dies funktioniert mit den Blättern vieler Bäume.

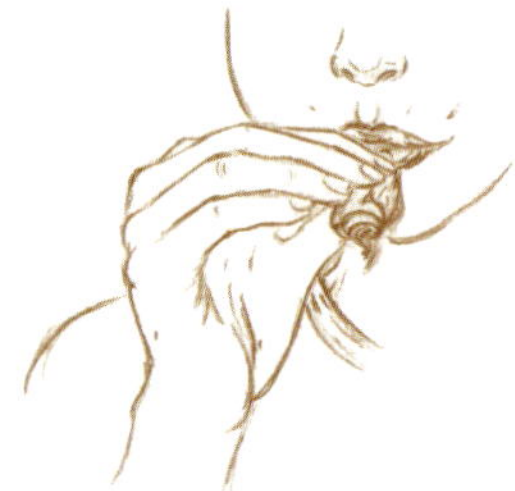

Blatt des Efeus: Rolle das Blatt, presse es zusammen und blase hinein.

Strohhalm: Glätte einen Strohhalm von 10 cm Länge. Schneide das Ende spitz zu. Blase in dieses Ende.

DIE ESCHE: EIN IDEALES HOLZ FÜR KLEINE INSTRUMENTE

Benutze das Holz von diesem Jahr, das heißt die dunkelgrünen Enden der Zweige. Der Vorteil der Esche ist, dass ihre Rinde sich leicht vom Holz lösen lässt. Klopfe mit deinem Messer vorsichtig auf die Rinde. Sie wird sich vom Holz lösen. Ziehe sie vorsichtig zurück, damit sie sich tatsächlich verschieben lässt (du kannst die Rinde vorher weich machen, indem du das Stück Eschenholz einige Minuten lang in Wasser tauchst).

FLÖTENKERN

• Ein Pfirsich- oder Aprikosenkern

- Kratze die beiden gegenüberliegenden Kanten eines Kerns auf einem Stein, bis zwei Löcher durchkommen. Leere das Innere des Kerns, indem du den Samen mit einem Draht entfernst.
- Puste in eines der Löcher und verändere den Ton mit deiner Zunge.

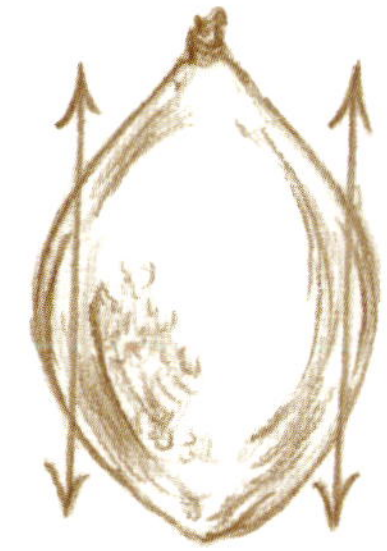

LOCKPFEIFEN

Baue Lockpfeifen aus Eschenholz in unterschiedlichen Längen und mit verschiedenen Spalten. Verwende bei den Pfeifen auch unterschiedliche Blätter wie Schilfgras oder Efeu. Du erhältst schnell eine schöne Sammlung von Vogelschreien (Eule, Stieglitz).

1. Lockpfeife aus Eschenholz

- Nimm einen 7 cm langen Ast (die Esche eignet sich perfekt) und spalte ihn in zwei Teile. Mache in der Mitte ein 2 mm dickes Loch.
- Klemme einen Grashalm zwischen beide Stücke und binde diese an den Enden zusammen.

Wenn du nun in das Loch pustest, vibriert der Grashalm wie ein Stimmband.

2. Lockpfeife aus Eschenholz

- Schneide einen 7 cm langen Ast bis zur Hälfte ein.
- Schiebe in den Spalt ein Efeublatt, das du in zwei Hälften geknickt hast. Klemme es hinten im Holz gut ein und schneide den Teil, der hinten übersteht, ab.
- Puste in den Spalt, indem du das Holz mal mehr, mal weniger zusammenbeißt.

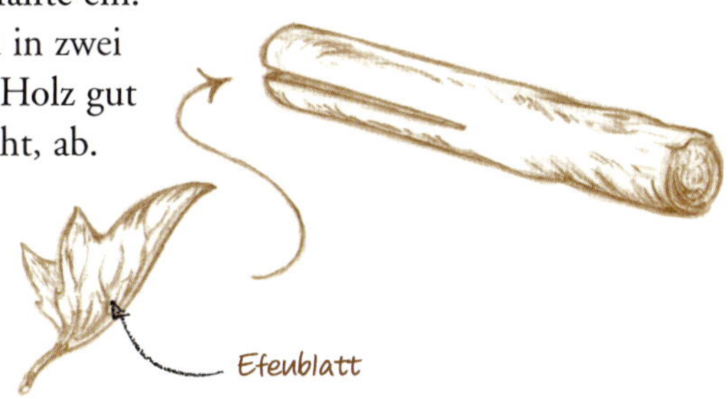

PFEIFEN

Die Lockpfeifen klingen wie die Schreie und Gesänge von Vögeln. Die Jäger benutzen die Pfeifen schon seit sehr langer Zeit, um die Beute herbeizulocken. Vorsicht, der Lärm deiner Lockpfeife kann sehr unterschiedliche Bedeutungen haben: Der Liebesgesang eines Männchens wird die Weibchen anziehen; mit einem Notschrei riskierst du, dass ein Räuber auftaucht; ein Behauptungsschrei wird zeigen, dass die männlichen Besitzer des Territoriums, in dem du solch einen Lärm machst, wütend auftauchen werden; beim Alarmschrei des Eichelhähers werden alle aus diesem Gebiet fliehen, denn der Eichelhäher ist ein Wachsoldat.

PANFLÖTE

- Wähle einen Ast der Esche oder des Knöterichs, der ziemlich gerade und etwa 10 cm lang ist. Löse die Rinde vorsichtig vom Holz.
- Schiebe die Rinde zur Hälfte über das Holz.
- Puste in die Rinde, so wie man es bei einer Panflöte macht. Verändere die Tonlage, indem du das Holz in der Rinde entlanggleiten lässt (das hört sich an wie ein Waldkauz, wenn man das Holz hineindrückt, oder wie ein Bussard, wenn man es herauszieht).

PFEIFE

Nimm einen kleinen Ast der Esche (oder Weide) in den Maßen 8 x 1,5 cm.

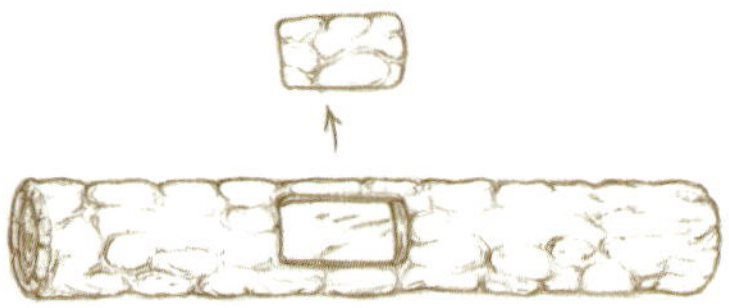

Entferne aus der Mitte des Ästchens ein Viereck der Rinde mit dem Durchmesser 2 x 1 cm.

Schnitze 1 cm vom Ende entfernt eine Kerbe um die Rinde herum.

Löse den Rindenüberzug vom Holz und zieh ihn heraus, ohne ihn zu beschädigen.

Schneide ein dünnes Plättchen Holz mit der Abmessung 4 x 1 cm heraus.

Schneide ein dünnes Plättchen Holz aus dem Ende des Ästchens heraus.

Bedecke das Ästchen wieder mit seiner Rinde. Blase in den kleinen Spalt zwischen Holz und Rinde. Wenn der Ton nicht gut klingt, schneide nochmals ein feines Plättchen aus dem Holz heraus.

ABSTREICHER

Nimm ein Stück trockenes Holz in der Größe 4 x 30 cm.
Schneide auf der ganzen Länge dreieckige Kerben heraus.
Reibe mit einem dünnen Stöckchen darüber.

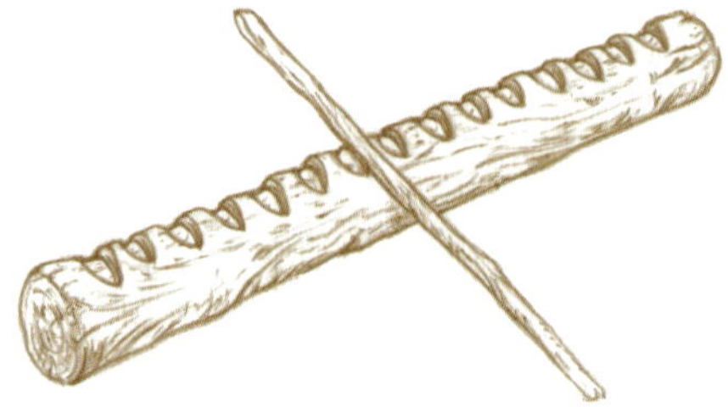

MOBILE

- Bambusrohre mit unterschiedlichem Durchmesser
- Schnur

Knote aus vier langen Bambusrohren (15 x 15 cm) ein Viereck zusammen.

Durchbohre vier Bambusrohre mit unterschiedlicher Länge und unterschiedlichem Durchmesser. Befestige die Rohre mithilfe der Schnur am Viereck.

Schneide dir ein Stück dicken Bambus heraus. Platziere es in die Mitte der Rohre und binde es am Viereck fest. Das ist die Schlagvorrichtung, die die Rohre erklingen lässt.

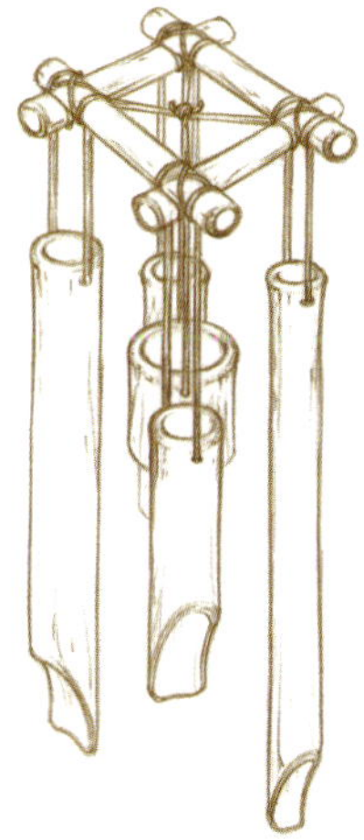

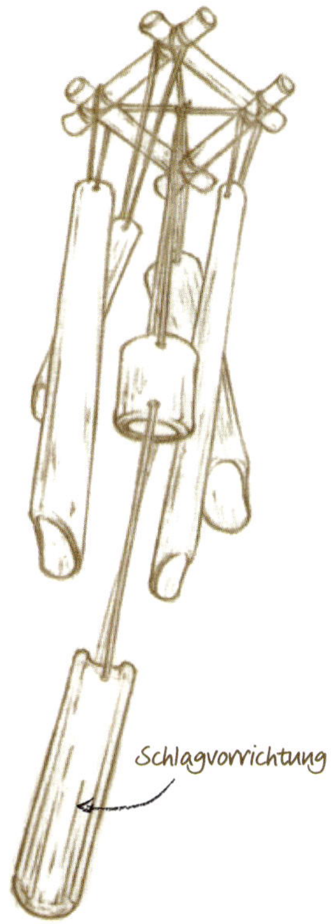

Schneide ein flaches, längliches Stück Bambus aus dem Rohr heraus. Befestige das Stückchen unterhalb der Schlagvorrichtung. Wenn du dein Mobile jetzt in den Wind hängst, ertönen schöne Geräusche.

SCHLAGZEUGGERÜST

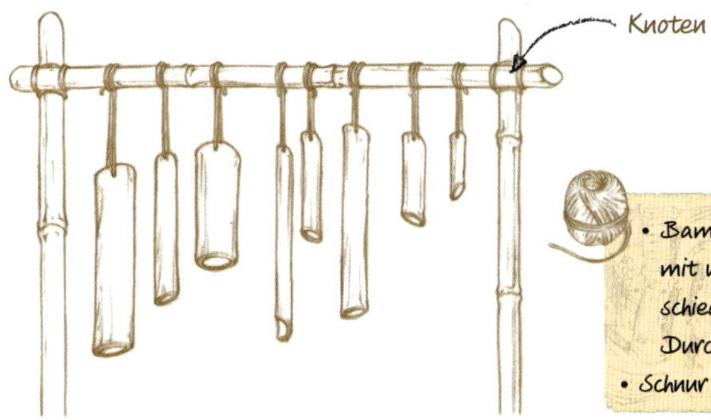

- Bambusrohre mit unterschiedlichem Durchmesser
- Schnur

Baue ein Gerüst, indem du drei Bambusstangen zusammenknotest.

Befestige Bambusrohre oder ausgehöhlte Äste von unterschiedlicher Länge und mit unterschiedlichem Durchmesser daran. Wenn du musikalisch bist, kannst du jedes Rohr anpassen, indem du es noch einmal abschneidest, bis du eine (halbwegs) genaue Tonlage erhältst.

HÜTTEN

Eine Hütte verschwindet in der Landschaft, wenn sie mit Naturmaterialien aus dem Wald gebaut wird. Das ist dann ein ideales Versteck, um Tiere zu beobachten. Hier sind einige Bauarten von Hütten vorgestellt. Deine eigene Hütte wird vermutlich nicht ganz genauso aussehen. Du musst dich an Material und den Ort anpassen. Lass deinem Erfindungsreichtum und deiner Fantasie freien Lauf.

BAUTECHNIKEN

Gitterwerk

Das ist eine vielfach einsetzbare Trennwand, die du als Mauer, Dach, Tür oder Zaun nutzen kannst. Dazu benötigst du mindestens zwölf Stöcke mit demselben Durchmesser. Lege sie auf den Boden und bilde damit ein Karomuster. Verbinde die Stöcke an jeder Kreuzung miteinander. Wenn das Gitterwerk als Dach dienen soll, lege es zum Bedecken auf den Boden. Wenn es eine Tür sein soll, dann nimm für den Rahmen besonders dicke Stäbe. Füge eine Diagonale hinzu, um zu vermeiden, dass der Rahmen sich verformt. Schneide eine Stange spitz zu und stoße sie in die Erde; sie dient als Drehachse für deine Tür.

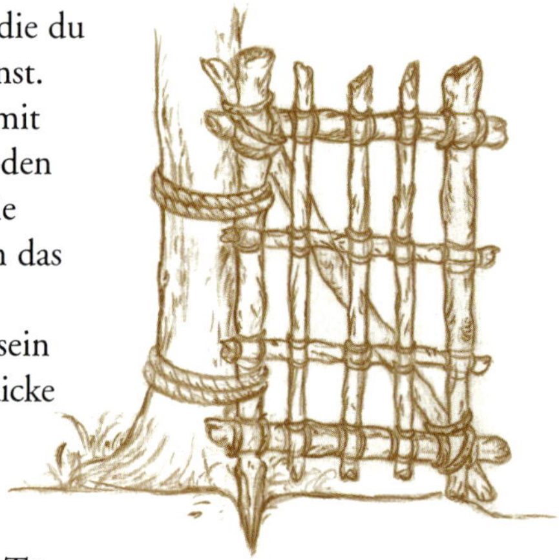

Abdeckung

Reisig

Beschneide die Äste und behalte einen Haken bei, um sie dort aufzuhängen, oder verknote sie zu Bündeln, auch Schwaden genannt (Ginster, Farnkraut, Schilfgras, Bambus, Stroh, Heu).

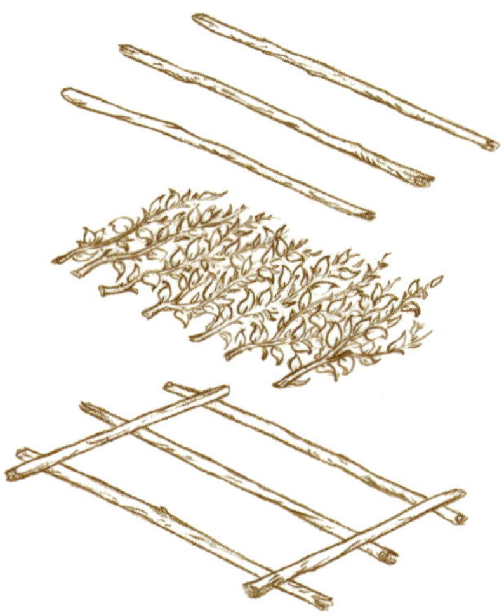

Sandwichplatten

Verteile dein Material zum Abdecken auf einem Gitterwerk. Befestige es mit neuen Stöcken, die du obendrauf befestigst.

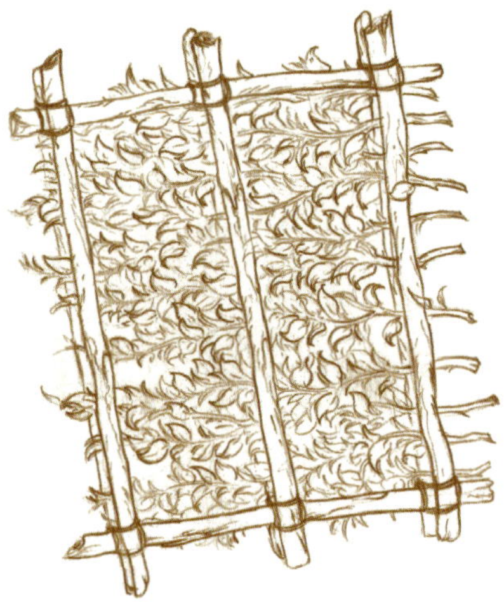

Grasdach
Grabe mithilfe eines Spatens Grasflecke und Erde mit einer Tiefe von 10 cm aus. Lege die Stücke auf ein Bett aus Reisig, sodass sie sich wie Dachziegel überlappen. Die Hütte muss ein festes Traggestell haben. Vergiss nicht, die Erdschollen zu begießen, wenn es trocken ist.

Einen Pfahl aufstellen

Wenn der Boden locker ist, dann stößt du den Pfahl mit einem Holzhammer in die Erde. Befeuchte die Erde, wenn sie zu trocken ist.

Wenn der Boden steinig ist, dann hebe zuerst ein Loch aus, platziere darin deinen Pfahl, befestige ihn mit Steinen, stampfe ihn kräftig mit den Füßen fest und stopfe das Loch wieder zu.

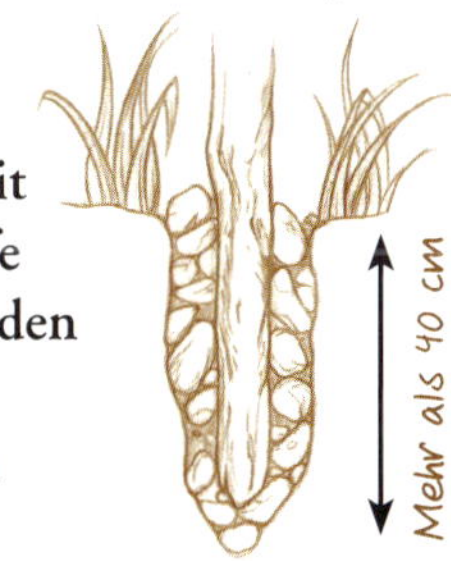

Du kannst einen der Bäume durch eine gegabelte Stange ersetzen, die du in die Erde steckst, oder aber durch ein Dreibein.

KANADAHÜTTE

- 1 Querbalken
- Stöckchen und Füllmaterial für zwei Gitterwerke
- Seil

Suche zwei Bäume, die nahe beieinanderstehen. Von den Bäumen sollte jeweils ein Ast in der Höhe deiner Hand anfangen.

Lege auf die beiden Äste den Querbalken und befestige ihn dort.

Baue zwei Gitterwerke in der gleichen Länge, wie der Abstand zwischen den Bäumen ist. Die Gitterwerke sollten außerdem anderthalb mal so hoch sein, wie der Querbalken befestigt ist.

Lege die Gitterwerke auf den Querbalken und befestige sie mit Kreuzknoten.

RUNDHÜTTE

- 4 biegsame Stäbe von 4 m Länge (wenn du nur kürzere Stäbe findest, kannst du je 2 mit einem Seil zusammenbinden)
- Viele Zweige in allen Längen

▸ Um den Platz deiner Hütte festzulegen, zeichne mithilfe eines Stocks und eines Seils einen Kreis auf den Boden.

▸ Nimm einen 4 m langen Stab, stecke ihn in die Erde auf den Kreis und biege den Stab. Dann stecke das andere Ende auf der anderen Seite des Kreises ebenfalls in die Erde. Mach dasselbe mit dem zweiten Stab. Binde beide Stäbe zusammen.
▸ Befestige die beiden folgenden Stäbe horizontal.

▸ Überziehe die ganze Hütte mit eingeflochtenen Stöckchen (vergiss nicht, eine Tür auszusparen).

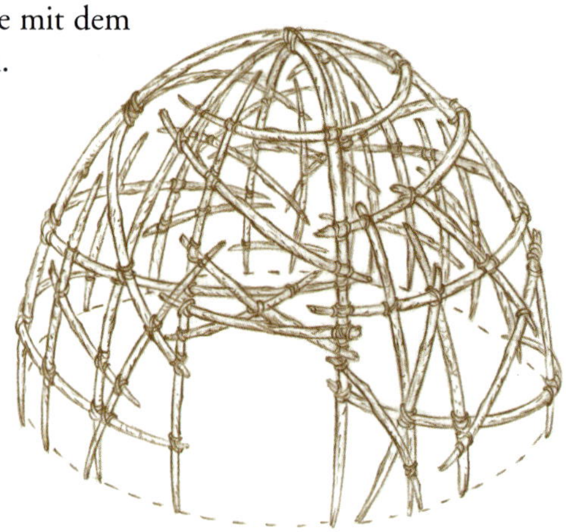

UNTERHOLZHÜTTE

Sie ist die ideale Hütte im Unterholz, wo Bäume und Sträucher zahlreich sind und dicht gedrängt wachsen.

▸ Wähle vier Bäume aus, die rechtwinklig angeordnet sind. Sie müssen dünn und hoch sein, damit ihre Stämme biegsam sind.
▸ Biege die Bäume auf 2 m Höhe und verbinde je zwei miteinander, um einen Bogengang zu formen. Beschneide die hohen Äste, damit der Baum sich verzweigt.
▸ Befestige Querbalken und verwende dann die Sträucher und Äste, die du abgeschnitten hast, um die Wände damit auszufüllen.

Beginne das Ausfüllen mit Reisig.

BAUMHAUS

Am besten baust du dein Baumhaus in einem großen, massiven Baum. Dieser sollte eine stabile Gabelung haben. Die Gabelung sollte niedrig sein und aus vier oder fünf Ästen bestehen. Vermeide den Nussbaum, die Pappel und die Espe, weil ihr Holz brüchig ist. Ganz gleich, welchen Baum du wählst: Respektiere deinen Gastgeber und schütze seine Rinde.

Beginne mit dem Bau einer Leiter (*siehe* S. 53).

- 4 Stämme mit 15 cm Durchmesser für die Balken
- Rundstämme von ungefähr 7 cm Durchmesser für den Fußboden
- Querbalken mit 5 cm Durchmesser für das Dach
- Reisig
- Seil

Die Hauptbalken

▶ Sie sollten etwa 2 m oberhalb des Bodens angebracht werden (weiter unten macht es keinen Spaß und weiter oben wird es zu kompliziert, das Material hinaufzubringen). Sie sind vorzugsweise in Astgabelungen eingekeilt (mindestens zwei Gabelungen).

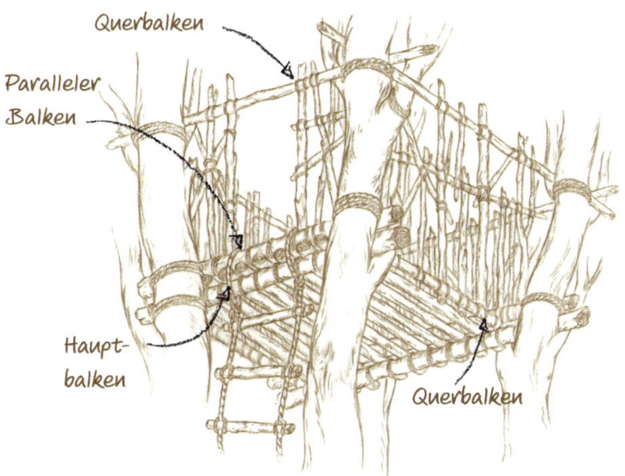

Plattform

▶ Befestige mit festen Knoten die beiden Querbalken mit dem großen Durchmesser. Dann befestige die Rundstämme für den Fußboden. Sichere das Ganze mit zwei zu den Hauptbalken parallelen Balken, sodass die Fußbodenhölzer dazwischen eingesperrt sind.

▶ Befestige 2 m oberhalb des Fußbodens die Querbalken, die als Stütze für das Dach dienen.

▶ Befestige diese Querbalken durch ein Netz von Ästen mit dem Fußboden, mit Ausnahme des Eingangs zum Haus.

▶ Decke das Dach.

WEBEN

Weben bedeutet Fäden (oder andere Bestandteile, die lang und fest sind) **miteinander zu verflechten. Viele Pflanzen sind aus Fasern zusammengesetzt. Die Fasern machen die Pflanzen widerstandsfähiger. Benutze diese Fasern, um Gewebe für unterschiedliche Anwendungen herzustellen.**

MATTE

- Faserige Pflanzen: Stroh, Gras, Farn, Binsen
- Schnur

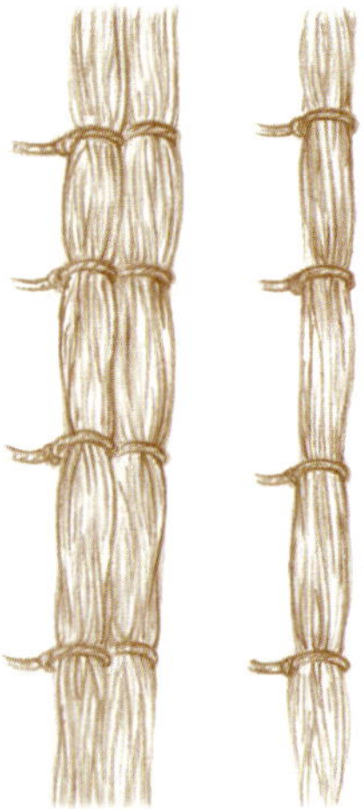

Lege die Pflanzen senkrecht, damit sie nicht den Regen aufstauen.

Du kannst die dicken Matten auch zum Decken des Daches oder der Wände deiner Hütte nutzen.

- Nimm einen Armvoll Pflanzen. Binde sie straff mit drei Kreuzknoten zusammen.
- Nimm einen zweiten Armvoll Pflanzen, mache es genau wie vorher und so weiter.

HÄNGEMATTE

- 2 Rundhölzer, 3 x 70 cm groß
- 4 Seile, 8 m lang
- 1 Stück Holz, 7 cm lang (dient als sogenannte Lehre)

- Mache mit den in der Mitte zusammengelegten Seilen eine erste Reihe von Knoten (Lerchenkopf) um ein Rundholz.

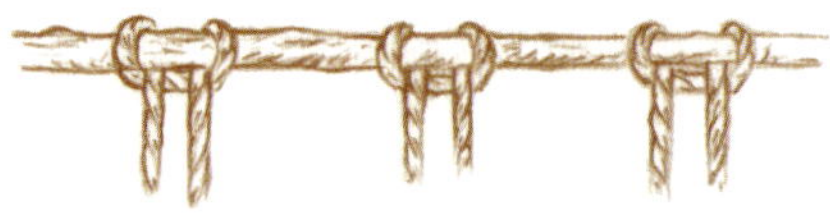

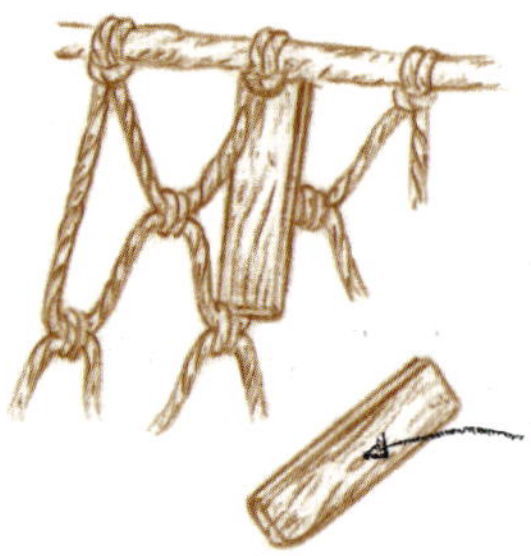

- Gestalte jetzt die Verbindungsknoten (Weberknoten), wobei du ein Stückchen Holz (Lehre) benutzt, um gleichmäßige Abstände zu erhalten.

- Schließe die Arbeit mit den Knoten Mastwürfen um das zweite Rundholz ab.

Flechten

Geißblatt, Klematis, Glyzinie, Efeu und Immergrün können zum Flechten von Seilen genutzt werden, da sie alle lang, biegsam und widerstandsfähig sind. Wenn die Lianen zu hart sind, lass sie einen Tag in Wasser einweichen.

PFLANZENGEWEBE

Hier lernst du, einen Webstuhl zu entwickeln. Es ist dieselbe Technik, die benutzt wird, um deine Jeans oder dein T-Shirt herzustellen.

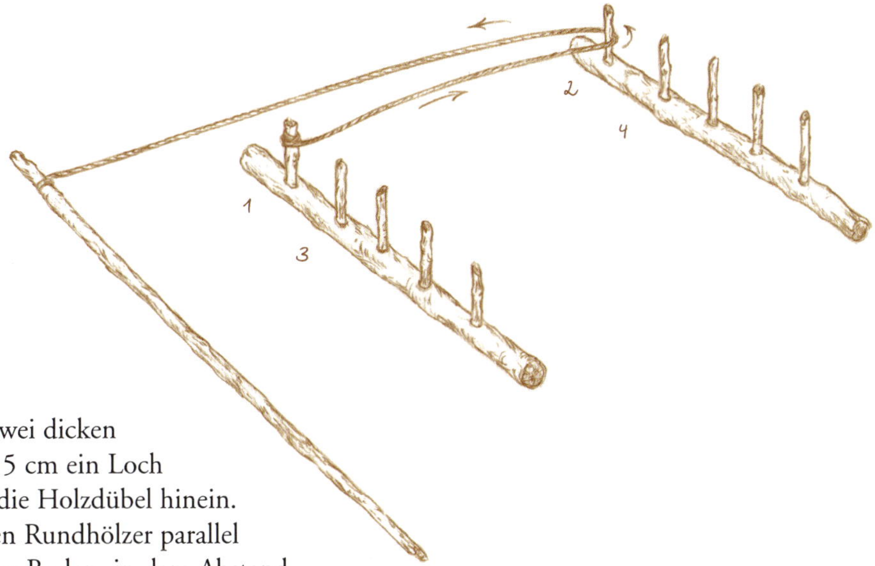

- 2 Rundhölzer, 1,20 m lang
- 1 Stange, 1,50 m lang
- Holzdübel (spitz zugeschnittene Stecken, 30 cm lang)
- dünne Schnur
- Material zum Weben (Stroh, Farn, Binsen ...)

Webstuhl

- Bohre in die zwei dicken Rundhölzer alle 15 cm ein Loch und stecke dann die Holzdübel hinein.
- Lege die beiden Rundhölzer parallel zueinander auf den Boden, in dem Abstand, der der gewünschten Länge deines Gewebes entspricht.
- Lege die Stange 30 cm hinter den Rundhölzern auf den Boden.
- Binde die Schnur ganz oben am Dübel (1) fest.
- Schlage die Schnur um Dübel (2) herum und befestige sie mit einem Kreuzknoten an der Stange.
- Mache es genauso mit den anderen Dübeln.

Weben

Um zu weben, muss man zu zweit sein.

- Bereite das Material zum Weben in der Nähe des Webstuhls vor.
- Hebe die Stange hoch und achte darauf, dass die Schnüre gut gespannt sind.
- Dein Partner schiebt das Material zwischen die beiden Schnurreihen.
- Lege die Stange wieder auf den Boden.
- Dein Partner schiebt weitere Pflanzen zwischen die verflochtenen Schnüre. Und so weiter.

Tipp

Nach jedem Arbeitsschritt muss man die Pflanzen gut zusammenpressen, damit sie von der Schnur vollkommen festgehalten werden können.

MÖBEL

Du hast »deine Ecke« im Wald oder mitten im Garten gefunden. Du hast dort eine Hütte und einige Möbel gebaut: Das ist schon ein richtiges kleines Haus. Damit du und deine Gäste sich darin noch wohler fühlen, findest du hier schöne Ideen.

TISCH

Einen Tisch für zwei, vier oder acht Personen; um diesen herum wirst du deine Gäste versammeln.

MIT DEN FÜSSEN IM FRISCHEN

Dieser Tisch ist ungeeignet, wenn es gerade geregnet hat. Doch der Tisch ist genau das Richtige, wenn es heiß ist: Die Erde kühlt die Beine.

Das ist eine Tischplatte aus gespaltenen Rundhölzern in den Maßen 70 x 200 cm auf einem Rahmen von 40 cm Umfang.

TISCH OHNE FÜSSE

Dazu baust du ganz einfach ein Rollo (*siehe* S. 48), das dann an zwei Bäumen befestigt wird. Dieser Tisch kann nach dem Essen auch zu einer Hängematte werden.

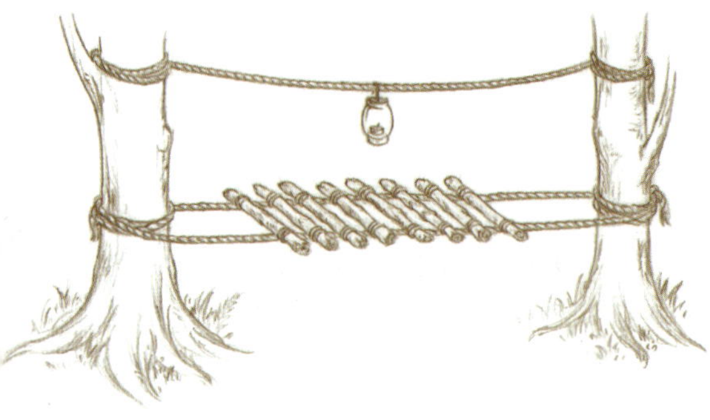

SARKOPHAGTISCH

Schichte eine große Menge Rundhölzer mit einem Durchmesser von 10 bis 15 cm aufeinander. Schichte obendrauf für die Tischplatte Rundhölzer mit einem Durchmesser von 5 cm aufeinander. Dieser Tisch wird allein dank seines Eigengewichts zusammengehalten. Verstärke ihn dennoch, indem du die Hölzer mithilfe von Schnüren aneinanderknotest, vor allem, um die Tischplatte am Platz zu halten.

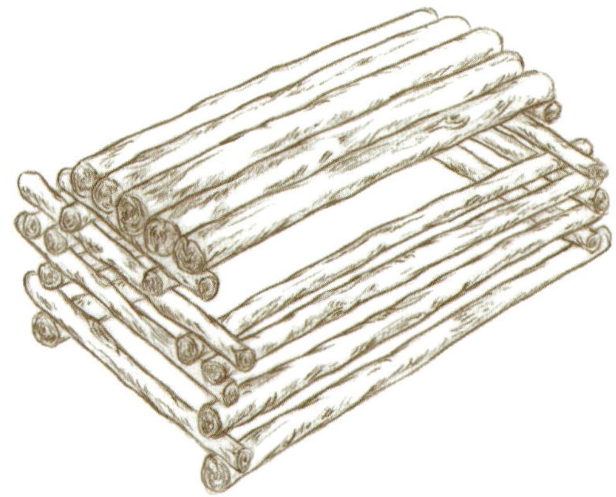

TISCH AUF DREI BEINEN

- 6 Stäbe, 3 m lang (Dreibeine)
- 7 Stäbe, 2 m lang
- 2 Stäbe, 1,20 m lang (Breite der Tischplatte)
- Schnur
- 1 dünnes Gitterwerk

Der Tisch wird errichtet wie eine Brücke, deren Brückenbelag von zwei Pfeilern getragen wird.

Baue zwei Dreibeine und stelle sie einander gegenüber auf.

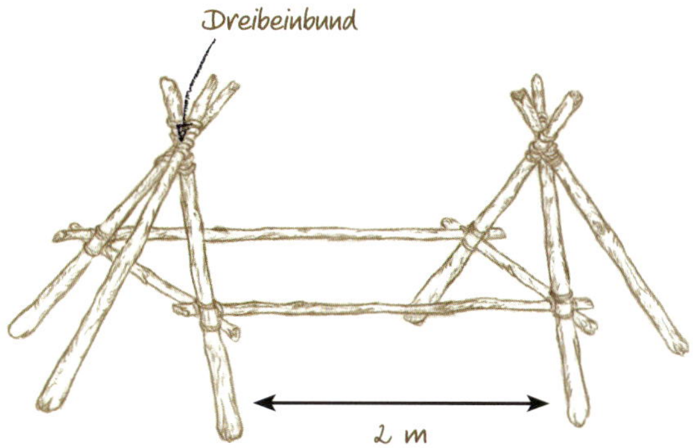

Befestige den Rahmen der Tischplatte (durch Verknoten) mit den Dreibeinen. Dann darunter den Rahmen der Sitzbank.

Um dich an den Tisch zu setzen, musst du nur noch eine dünne Strohmatte ausrollen.

Du kannst einen Querbalken hinzufügen, damit man an diesem eine Beleuchtung, Getränke und Würste aufhängen kann.

BAMBUSTISCH

Das ist ein Tisch, der so leicht ist, dass du ihn in dein Baumhaus hinauftragen kannst.

Schneide dir gerade Bambusrohre mit einem Durchmesser von 4 bis 5 cm ab. Wähle die grünen Stöcke, weil die stehenden dürren Stöcke weniger stabil sind. Schneide dir vier Bambusrohre von 2 m und neun Rohre von 80 cm Länge zurecht.

Wenn du sie alle durch Knoten miteinander verbunden hast, bedecke diese Anordnung mit einer Matte, die du mit kleinem Durchmesser (2 cm) aus Bambus fertigst.

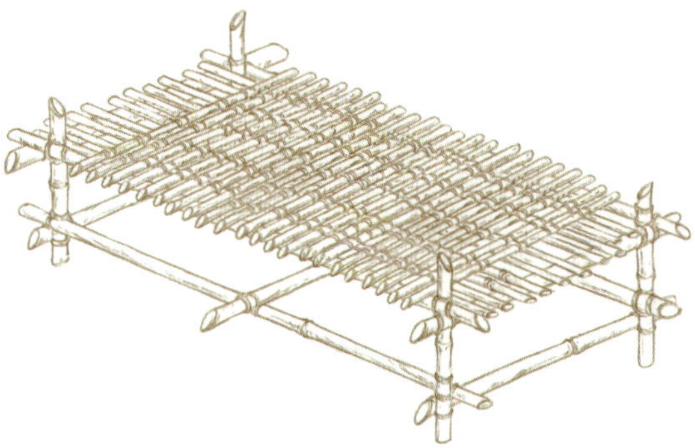

DIE KATHEDRALEN AUS BAMBUS

In Hongkong oder Shanghai werden die riesigen, ultramodernen Hochhäuser heute alle mithilfe von Baugerüsten aus Bambus errichtet. Das Material hat die Eigenschaft, widerstandsfähig und extrem leicht zu sein. Außerdem ist es sehr billig.

SITZPLÄTZE

Man kann sich auf alle möglichen Dinge setzen – einen Stein, einen Baumstumpf, eine Wurzel oder auf einen Kieshaufen. Natürlich ist es am besten, wenn die Stühle auch bequem sind, vor allem, wenn man Gäste hat. Um nicht im Stehen essen zu müssen, nimm einfach den Tisch, den du dir schon gebaut hast.

HOCKER

Am schwierigsten ist es, sich eine Sitzfläche für den Hocker zu besorgen. Es wäre möglich, eine Scheibe von einem Holzstamm absägen zu lassen. Lasse deine Fantasie spielen, denn jedes Stück Holz kann in einen Hocker verwandelt werden. Suche vor allen Dingen an Stellen, wo Holz gefällt worden ist.

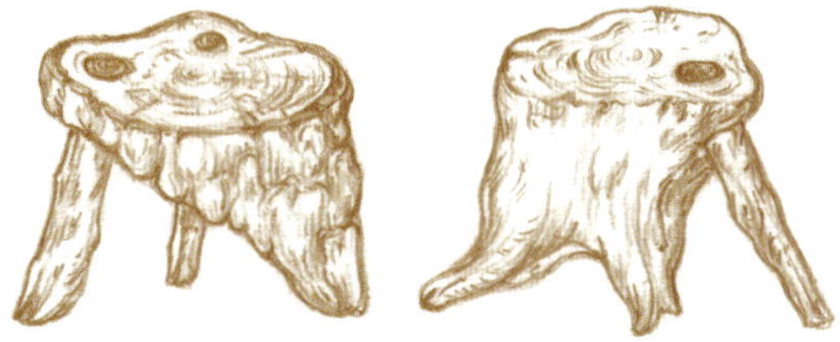

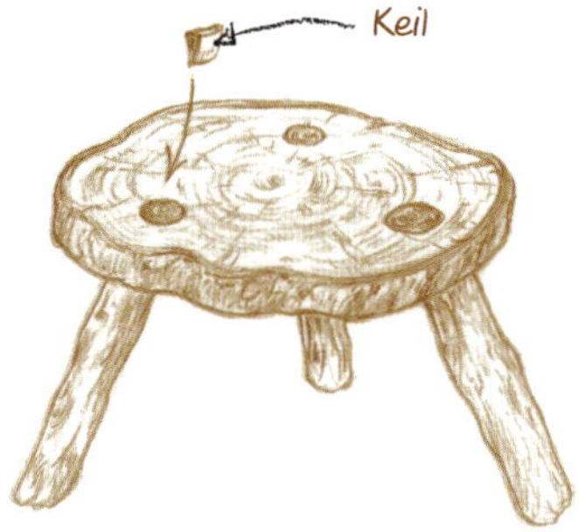

- Wähle für die Füße drei stabile Rundhölzer aus.
- Bohre in die Sitzfläche drei Löcher, die vom Durchmesser her ein wenig schmaler sind als die Füße.
- Füge die Füße in die Löcher ein und mache sie mit Keilen aus hartem Holz fest.

BANK

Hier gilt dasselbe Prinzip wie beim Hocker, nur mit einem zusätzlichen Fuß. Die Sitzfläche der Bank ist sehr dick. Schiebe daher die Füße der Bank nur ein Stück weit in die Sitzbank und nicht durch das ganze Holz hindurch.

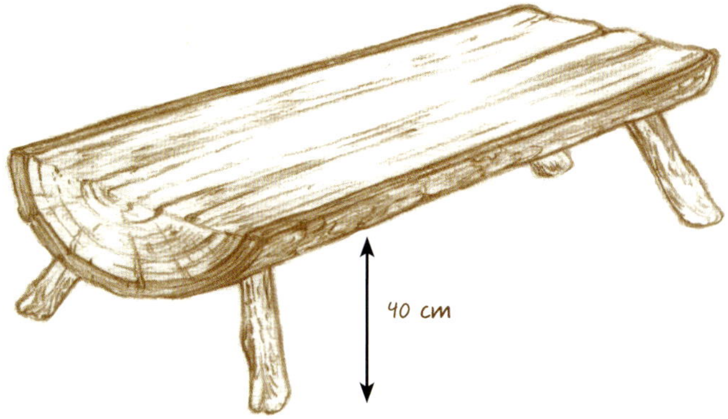

Tipp
Denke an die Menschen, die einen empfindlichen Po haben: einfach Heumatten oder Moos auf die Bank legen.

SOFA

- 4 Rundhölzer, 40 cm lang
- 4 Rundhölzer, 1 m lang
- 2 Stangen, 1,80 m lang
- 1 Netz, 1,10 x 1,80 m

Stecke vier kleine Rundhölzer im Abstand von 60 cm in die Erde. Verbinde sie mit einer Stange.
Stecke dahinter vier große Rundhölzer in die Erde. Verbinde sie mit einer Stange.
Stelle ein Netz in der Größe 1,10 x 1,80 m her (*siehe* S. 42). Befestige es an den Stangen. Wenn ihr zu viert seid, ist das auch kein Problem! Füge zwei Rundhölzer und ein kleines Netz hinzu. Selbst wenn ihr zu zehnt seid, stellt dies ebenso wenig ein Problem dar, solange das Netz sorgfältig befestigt ist.

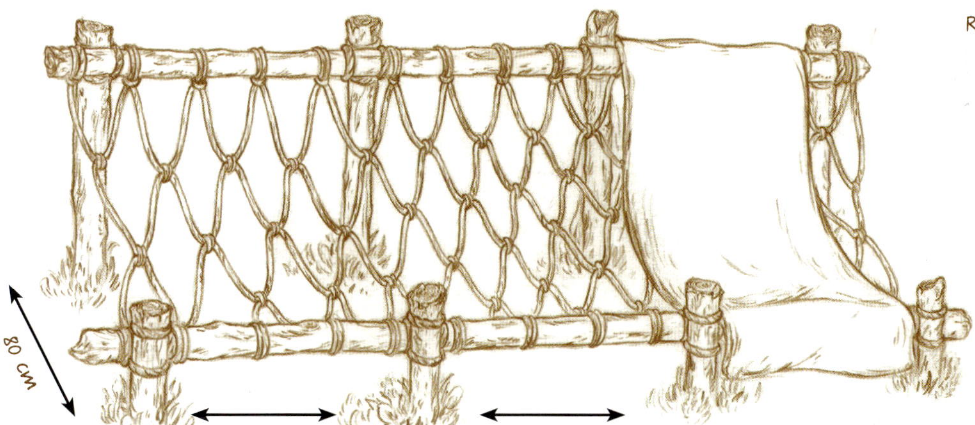

BODENSESSEL

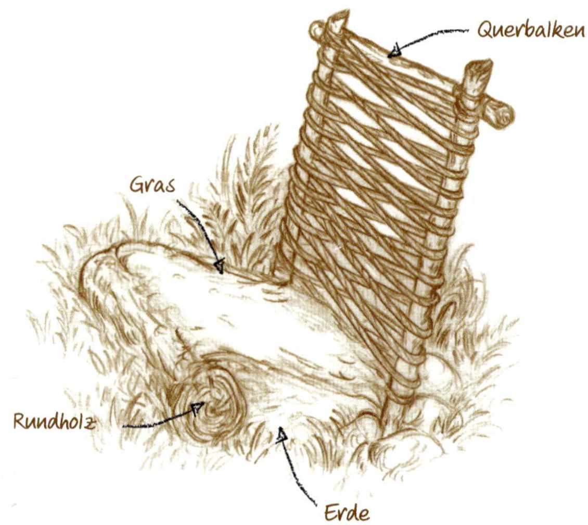

- 1 Rundholz, 40 cm lang
- 2 Stangen, 70 cm lang
- 1 Querbalken, 45 cm lang
- Seil

Die Sitzfläche wird aus glatt gestampfter Erde hergestellt, die durch ein Rundholz geneigt und aufgestaut wird. Die Rückenstütze wird aus zwei Stangen zusammengebaut, die in die Erde gesteckt, mit einem Querbalken verbunden und mit Seil umflochten werden.

KLEINMÖBEL

Du kannst dich jetzt schon an den Tisch setzen. Hier folgt noch ein bisschen Zubehör, damit deine Ecke drei Sterne verdient.

ROLLO

- Nimm zwei Seile und verknote die Stöcke miteinander.
- Bringe die zwei Seile an einer Halterung (zum Beispiel an einem Ast) an.
- Verknote nun ein drittes Seil in der Mitte des ersten Stocks. Gehe an der einen Seite der Stöcke entlang, um das ganze Rollo herum und führe es über die Halterung hinweg.

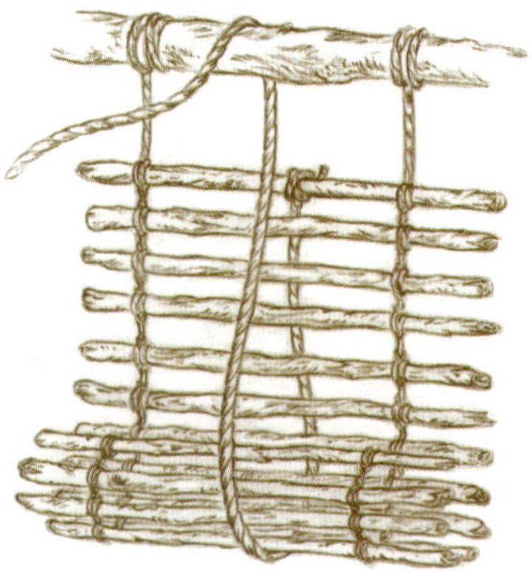

Tipp
Für ein durchbrochenes Rollo mache zwei Knoten jeweils im Abstand von 3 cm zwischen die Rundhölzer.

PLATTE

Eine Tischplatte, eine Trennwand oder ein Dach.

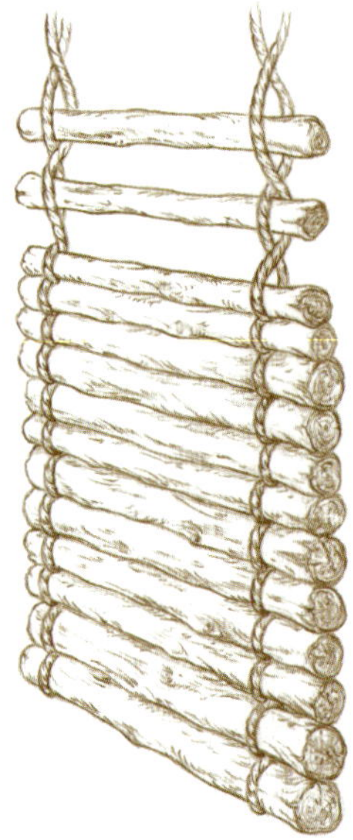

HOLZZAUN

- Pfosten (spitz zugeschnitten), 1 m lang
- Querbalken, 1,70 m lang
- Seil

Die Zaunpfähle werden spitz zugeschnitten und im Abstand von 1,50 m in den Boden gesteckt. Die Querbalken werden mit dem Kreuzbund verknotet. Dein Holzzaun kann durchaus einen unregelmäßigen Verlauf haben, wenn der Zaun um einen Baum herumgeht oder du einen Zickzackweg für deinen Eingang offen lässt.

FLECHTZAUN

Der Flechtzaun ist eine alte Methode, um einen Garten abzugrenzen oder ein Gehege für Tiere zu bauen.

Tipp
Wenn die Erde feucht ist, treiben die Weiden und Haselnusssträucher aus. Das bedeutet, dass die Pfähle Wurzeln kriegen und anfangen zu wachsen. Wenn du das nicht willst, reicht es aus, die Pfähle zu entrinden.

Für einen Flechtzaun von 30 cm Höhe:
- Pfähle (spitz zugeschnitten), 60 cm lang
- Biegsame Zweige (Weide, Haselnussstrauch, Apfel oder besser Kastanie, da diese länger der Feuchtigkeit widersteht)

Stecke die Pfähle im Abstand von 25 cm in die Erde.
Ziehe die Zweige abwechselnd um jeden Pfahl. Für einen höheren Flechtzaun einfach längere Pfähle nehmen.

WÄSCHEKLAMMER

Für eine Wäscheklammer:
- 1 Schnur
- 2 kleine Steine

WERKZEUGHALTER

Wenn du ein Werkzeug verlierst, könnte es verrosten oder jemanden verletzen, der darüber stolpert. Ordne deine Werkzeuge, damit du sie lange Zeit nutzen kannst.

KLEIDER-STÄNDER

Bestens geeignet, um deine Brotzeit weit entfernt von den Ameisen aufzuhängen.

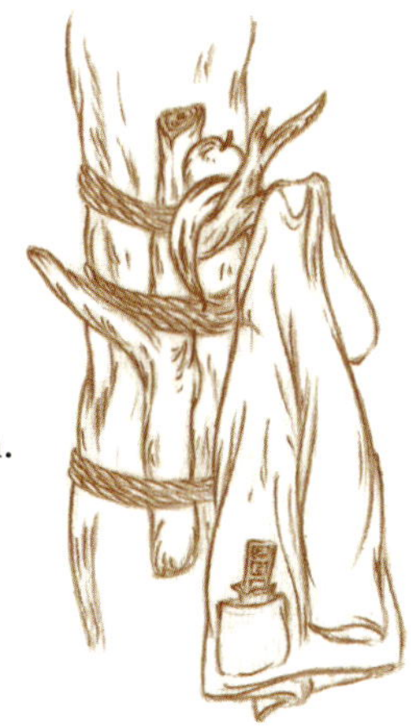

IMMER HÖHER HINAUS

Bisher hast du immer auf dem Boden gebaut. **Jetzt baust du in die Luft hinein – Türme, Leitern und Schaukeln!**

DER HÄNGETURM

- 1 Stange, 2 m lang, 10 cm Durchmesser
- 4 Stangen, 1,70 m lang, 7 bis 8 cm Durchmesser
- Rundhölzer, 1,50 m lang, für den Fußboden
- Pflöcke
- Seil

Ideal, um das Gefühl zu bekommen, auf einem Holzteppich zu fliegen.

Finde einen dicken Ast, der sich 3 bis 4 m waagerecht über dem Boden befindet. Befestige dort mithilfe von Seilen einen stabilen Querbalken (einen Lerchenkopfknoten auf dem Querbalken und einen Palstek mit einem Stopperknoten auf dem Ast, *siehe* S. 15).

Befestige an den Enden des Querbalkens zwei lange Seile (Mastwurf, *siehe* S. 15). Die Knoten dafür müssen in der Mitte des jeweiligen Seils gemacht werden.

Befestige an jedes Paar Seile zwei neue Querbalken, dann zwei weitere, um den Rahmen der Plattform zu bilden.

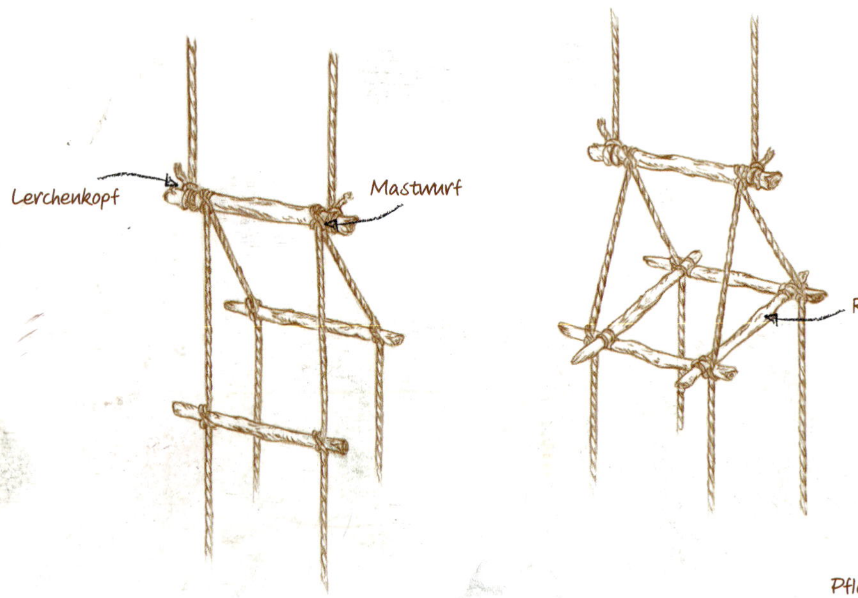

Den einfachsten Zugang zu dem Turm hat man über den Ast des Baumes.

Befestige die Enden der herunterhängenden Seile an kleinen Pflöcken. Stecke diese Pflöcke schräg und tief in die Erde hinein.

Stelle unten am Boden den Fußboden her und befestige ihn dann am Rahmen.

TURM

Einen Turm kannst du einfach bauen. Doch du brauchst gutes Material sowie eine stabile Bauart. Verglichen zu seiner Größe hat ein Turm nur wenig Kontakt zur Erde, die ihm Halt gibt. Baue deinen ersten Turm daher nah über dem Boden (1,50–2 m). Je höher du ihn baust, desto schwieriger ist es, ihn zu befestigen.

DREIBEINTURM

Ein Dreibeinturm ist sehr stabil und du kannst ihn leicht bauen. Nur seine Plattform ist schmal. Sie braucht nicht im Boden befestigt zu werden. Binde die Strickleiter immer so nah wie möglich beim Schwerpunkt des Turms an (auf der Höhe des Dreibeinbundes). Dadurch kippt der Turm nicht um. Alle Teile des Turmes wurden durch Knoten miteinander verbunden. Lege die Teile des Turms auf dem Boden zusammen und verbinde sie zuerst dort. Das ist praktischer und sicherer.

- Verbinde die drei großen Stäbe miteinander, indem du sie in der Mitte mit einem Dreibund (*siehe* S. 17) zusammenknüpfst.
- Befestige die unteren drei Querbalken, dann die oberen (das Geländer) und dann schließlich die vom Fußboden. Befestige den Fußboden, indem du abwechselnd das Seil unter den Querbalken und über das Rundholz führst.
- Jetzt musst du nur noch den Turm aufrichten, indem du an der Strickleiter ziehst.

Mit einem Durchmesser von 10 cm:
- 3 gerade Stäbe, 3 m lang

Mit einem Durchmesser von jeweils 5–6 cm:
- 3 Querbalken, 1,80 m lang
- 3 Querbalken, 1,20 m lang
- 3 Querbalken, 60 cm lang
- Rundhölzer unterschiedlicher Länge für den Fußboden
- Seil

LEITERN

Es gibt zwei Arten von Leitern:

Die Leitern aus Seil, die man aufhängt, und die Leitern aus festem Material, die man hinstellt. Mache deine Leiter etwas länger, als es dir zunächst nötig erscheint. So kannst du deine Leiter auch bei anderen Gelegenheiten nutzen.

Knotenseil

Ein einfaches Seil mit Knoten. Es ist sehr schnell gemacht, aber es ist nicht einfach, daran hinaufzuklettern (Sackstich, *siehe* S. 15).

BEWEGLICHE LEITERN

Strickleiter

Berechne, wie viele Sprossen deine Leiter haben muss (vier Sprossen für 1 m).

- Mache bei jedem Seil alle 50 cm eine Markierung. Das sind die Stellen für die Knoten und so werden die Abstände zwischen den Sprossen gleichmäßig.
- Befestige die Sprossen mit dem Mastwurf (*siehe* S. 15).

Es gibt zwei Möglichkeiten, um die Leiter mit ihrem oberen Teil an etwas aufzuhängen:

- Mit einem Knoten um den Ast oder um den Holzbalken herum.
- Mit einer Schlinge, wenn die Seile an der Spitze verbunden werden.

Befestige die Leiter mit Pflöcken im Boden, dann wird es ganz einfach sein, sie hinaufzuklettern.

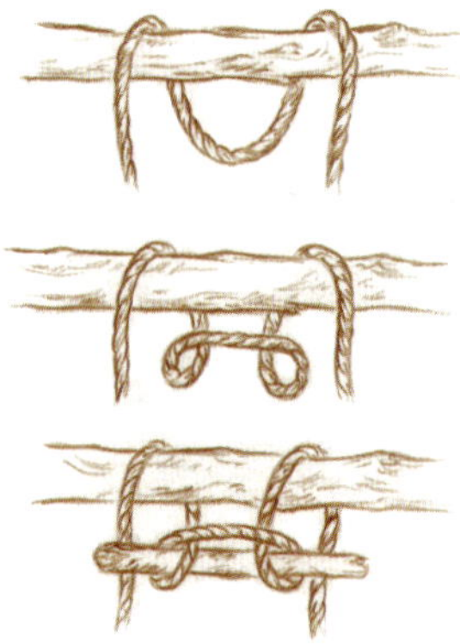

Lianenleiter

- Mache Einkerbungen an den Außenseiten der Sprossen.

- Stecke die Sprossen alle 25 cm durch zwei lange Lianenflechten.

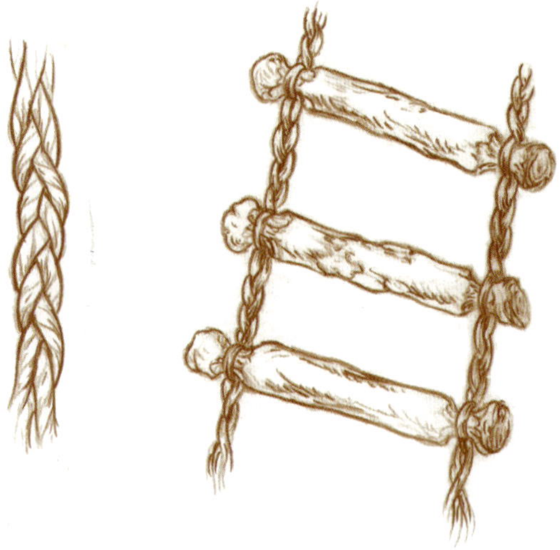

FESTE LEITERN

Holzleiter

Die Sprossen werden eingekerbt und alle 25 cm auf die Längsstäbe genagelt. Der Nagel muss den Stab durchqueren und hinten umgeknickt werden.

- 2 Stäbe mit 5–6 cm Durchmesser
- Rundhölzer mit 4–5 cm Durchmesser
- Nägel

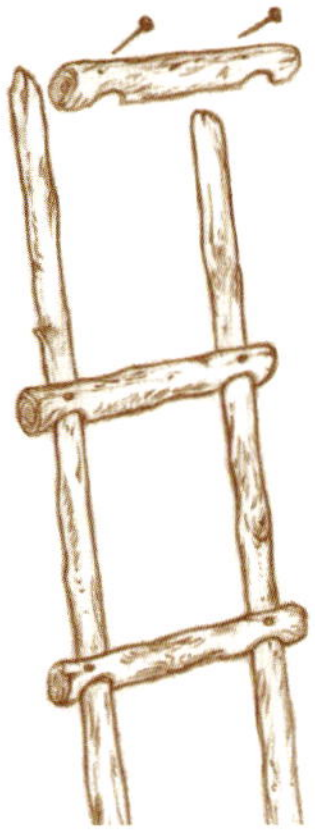

Siouxleiter

Diese Leiter sticht man in den Boden und lehnt sie gegen einen Baumstamm.

Schneide die dicksten Enden der zwei langen Stäbe spitz zu. Kerbe sie alle 25 cm ein. Führe sie oben über Kreuz und befestige sie.

Knote die Sprossen an die Stäbe in Höhe der Einkerbungen.

- 2 Stäbe mit 5–6 cm Durchmesser
- Rundhölzer mit 4–5 cm Durchmesser
- Seil

Weidenzaunleiter

Sie ist aus zwei kurzen Leitern zusammengesetzt, wobei die Stäbe der einen Leiter enger beieinanderliegen als die der anderen. Das erlaubt es, die eine Seite in die andere einzufügen und die Leiter dadurch leicht bis zum nächsten Weidenzaun zu transportieren.

SCHAUKELN UND WIPPEN

Sie verdrehen uns den Kopf, heben uns immer höher hinauf und lassen unser Herz in Unruhe geraten. Zwei Seile und ein Brettchen, nach vorne, nach hinten, nach vorne, nach hinten, das ist die Strickschaukel. Heute bezeichnet man sie einfach nur als Schaukel.

DIE SCHAUKEL

- 1 halbes Rundholz in den ungefähren Maßen 20 x 50 cm
- 1 Nagelbohrer
- 1 Seil

Bohre zwei Löcher in das halbe Rundholz. Ziehe je ein Seil durch ein Loch.
Stelle die Höhe des Sitzes so ein, dass deine Füße nicht den Boden berühren.
Befestige die Enden der Seile an einem Ast mit einem verstärkten Mastwurf (*siehe* S. 15). Vergewissere dich, dass die Knoten richtig fest sind.

DER SCHAUKELSITZ

Baue eine stabile Kiste aus dünnen Rundhölzern.
Befestige die Seile mit Knoten am Boden der Kiste, weil er es ist, der das ganze Gewicht tragen wird.

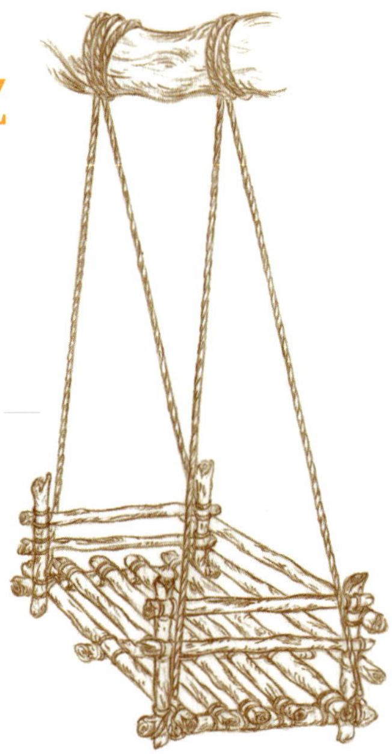

DER RICHTIGE ORT
Für deine Schaukel brauchst du einen waagerechten Ast mit mindestens 20 cm Durchmesser. Es ist besser, das Seil weiter als 1 m entfernt vom Baumstamm zu befestigen, um schlimme Zusammenstöße zu vermeiden. Der Ast muss vollkommen waagerecht sein, damit die Schaukel tatsächlich einen rechten Winkel bildet. Wenn du einen solchen Ast aber nicht finden solltest, bringe einfach einen dicken Querbalken zwischen zwei benachbarten Bäumen an. Je höher der Ast ist, desto länger wird das Seil sein müssen und desto höher und weiter wirst du kommen.

DIE WIPPE

- 1 Brett, 4 m x 30 cm groß, oder 3 Stämme, 4 m x 10 cm groß, die miteinander verbunden sind
- 4 Rundhölzer, 30 x 4 cm groß
- 1 dicker Holzscheit
- 1 Taschenmesser
- 1 Schraubenzieher

Tipp
Markiere dir die Mitte des Brettes. So kannst du das Brett genau in der Mitte auf dem Holzscheit auflegen.

Spitze die zwei Enden eines Rundholzes zu.

Durchbohre ein anderes Rundholz in der Mitte.

Durchbohre mithilfe eines Nagelbohrers die Planke bis zur Hälfte ihrer Dicke.

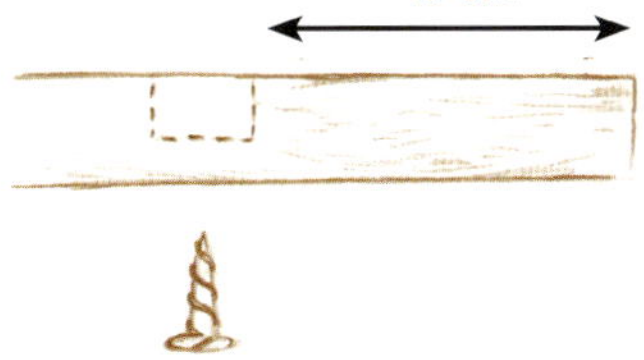

Füge die drei Teile zusammen und befestige sie mit einer Schraube. Mache das Gleiche mit der anderen Seite des Brettes.

Verkeile den Scheit und lege das Brett obenauf.

ACHTE AUF DEINEN POPO!
Pass auf Holzsplitter auf! Schleife die Oberfläche des Sitzes gut ab. Ein Rundholz, das mit einer Säge geschnitten ist, hat weniger Splitter, als wenn es mit dem Beil gehackt wird.

STOCK UND SCHNUR

Es gibt eine unendliche Anzahl von Gegenständen, die du mithilfe von Stöcken, Steinen und Schnüren herstellen kannst. Hier findest du ein paar schöne Beispiele.

SONNENUHR

Die große Buche ist gefällt worden. In der Mitte einer Lichtung ist ein schöner Baumstumpf. Das ist die ideale Grundlage für eine Sonnenuhr.

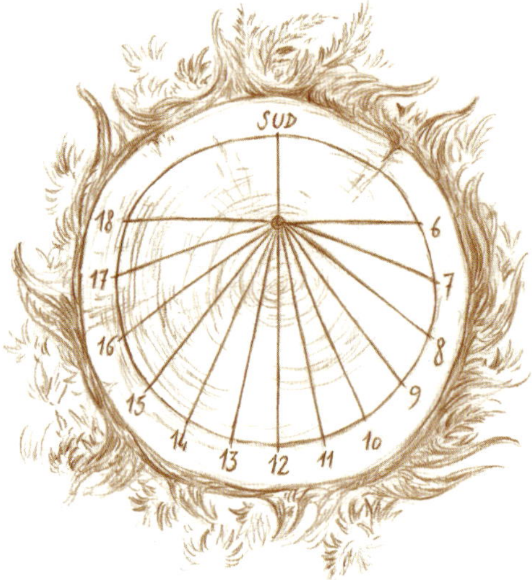

- Zeichne mithilfe eines Kompasses eine Nord-Süd-Linie auf einem Baumstumpf ein. Nach dem ersten Drittel dieser Linie zeichne eine dazu senkrechte Linie ein. Markiere den Punkt, wo sich beide Linien kreuzen. Unterteile nun das größere, halbrunde Gebiet in zwölf Teile. Nummeriere jedes Teil (von 6 bis 18).
- Bohre ein Loch im Winkel von 45 Grad in die Nord-Süd-Achse und stecke dort ein dünnes Stäbchen rein. Im Sommer wird dir der Schatten des Stäbchens (der Zeiger) die Stunden zwischen 6 und 18 Uhr anzeigen.

ZEIGER AUS LICHT

In einigen Kirchen ist das Zifferblatt auf dem Boden eingezeichnet. Die Uhrzeit wird durch einen Lichtstrahl angezeigt, der durch ein durch die Wand oder durch ein Kirchenfenster gebohrtes Loch fällt.

Es gibt noch eine andere Methode, mit der du dir die Zeit anzeigen lassen kannst. Aber du musst den ganzen Tag am Fuß eines Baumstumpfs verbringen. Stecke zuerst deinen Zeiger in den Baumstumpf. Markiere den Schatten aller Stunden, indem du deine Uhr beobachtest.

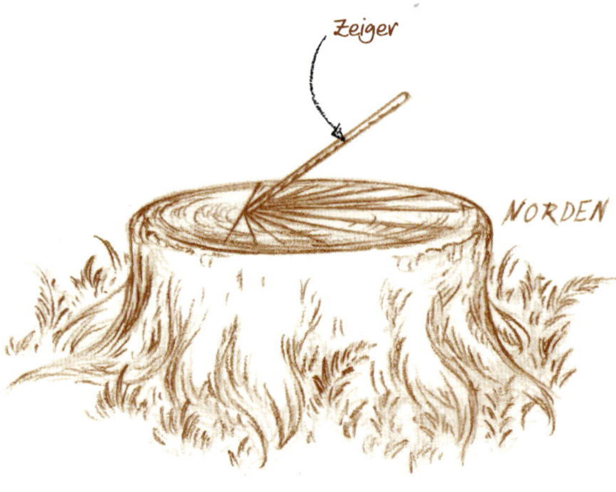

Vergiss nicht, dass die tatsächliche Zeit die der Sonne ist und nicht die Zeit auf deiner Uhr. Wenn du die Zeit auf deiner Uhr haben willst, dann rechne zu der Sonnenzeit eine Stunde im Winter und zwei Stunden im Sommer hinzu.

RIESENMIKADO

Hier wird mit 2 m langen Bambusstäben gespielt. Die Stäbe werden senkrecht zusammen aufgestellt und dann losgelassen. Sobald ein Spieler an der Reihe ist, muss er versuchen, einen Stab nach dem anderen aus dem Haufen herauszuziehen. Dabei dürfen die anderen Stäbe nicht bewegt werden. Der Spieler, der einen Stab herausgezogen hat, darf wieder mit dem nächsten anfangen. Nur die gestreiften Stäbe dürfen als Hilfsmittel verwendet werden, um die anderen Stäbe aus dem Haufen zu ziehen.

- 25 grüne Stäbe (Wert: 1 Punkt)
- 5 dürre Stäbe (Wert: 5 Punkte)
- 2 gestreifte Stäbe, mit dem Messer geschnitzt (Wert: 10 Punkte)
- 1 Taschenmesser

VOGELSCHEUCHE

Baue dir einen Wächter für dein Stück Land.

- Befestige zwei Stöcke über Kreuz. Stecke das Kreuz in die Erde.
- Benutze das ganze Material, das du kennengelernt oder hergestellt hast: Holz, Heu, Farn, Webware, Lianen etc. und lass deiner Fantasie freien Lauf.

DRACHEN

Wozu dient ein Drachen? Du kannst ihn in der Luft beobachten, du kannst den Wind durch das Zittern der Leine spüren. Bewundere die Farben deines Drachens, wenn er davonfliegt, und baue immer größere und schönere neue Drachen. Hier werden zwei Methoden vorgestellt, wie man Drachen in Nordafrika baut.

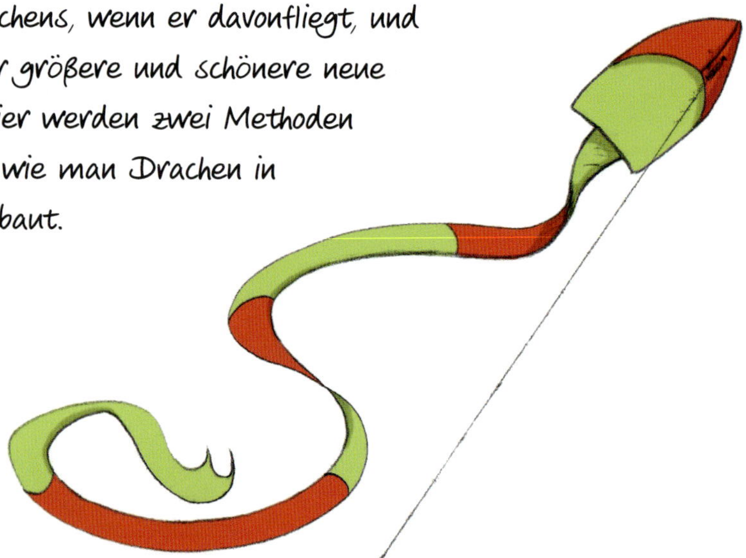

KAPUZINERDRACHEN

- Falte ein DIN-A4-Blatt Papier an den Ecken der Schmalseite zusammen und befestige die Ecken mit einer Nadel.
- Befestige die Schnur an dieser Nadel.
- Bastle ein langes Band aus zusammengestecktem Papier. Klebe ein Stückchen Papier an das nächste. Schon ist dein Drachen fertig und bereit zum Fliegen.

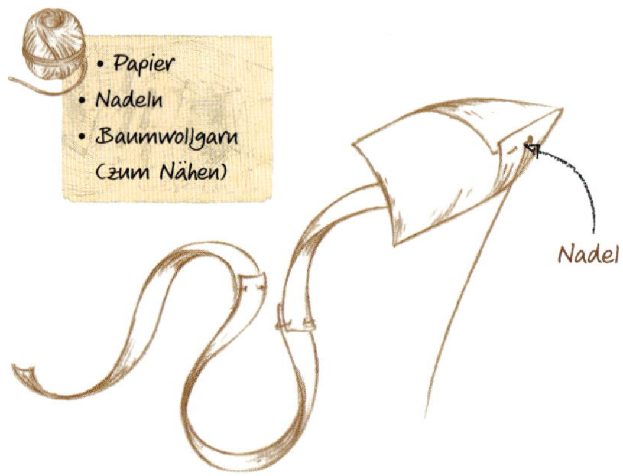

Tipp

Anstatt des Papiers kannst du auch ein altes Segeltuch verwenden. Es wird dich mit Stoff, Stöckchen und mit Schnur für deinen Drachen ausstatten.

STELLE EINEN KLEBER HER!

Gib einen Löffel Mehl mit ein wenig Wasser in eine Schale. Vermenge es, bis du einen flüssigen Brei erhältst. Lass ihn trocknen.

CARAPUCHE-DRACHEN

- Schneide dir ein quadratisches Stück Papier zurecht.
- Falte das Quadrat einmal in der Mitte, sodass ein Dreieck entsteht.
- Falte die rechte Ecke auf die gegenüberliegende Seite.
- Nimm die gleiche Ecke und falte sie nach unten.
- Drehe das Ganze um und mache das Gleiche auf der anderen Seite.
- Befestige die Schnur mit einem Tupfen Klebstoff an den Flügelspitzen.
- Schneide aus Papier einen dünnen Schweif von 1 m Länge zurecht und klebe ihn auf den Flieger.

FISCHEN MIT DEM DRACHEN

Die malaysischen Fischer benutzen Drachen, um vom Ufer aus auf dem Meer fischen zu können. Sie nehmen Angelschnur, Angelhaken und einen Köder und befestigen das Ganze an einem Drachen. Der Drachen wird über dem Meer steigen gelassen, in Gebieten, wo es reichlich Fisch gibt. Dies erlaubt es den malaysischen Fischern, Fisch in jenen Gebieten zu suchen, wo es gefährlich ist, sich vorzuwagen.

DIE FLIEGENDE RAUTE

Das Gestell

- Lege den kleinen Stock im rechten Winkel über den größeren Stock und verbinde beide mit einem Knoten (*siehe* S. 16).
- Mache jeweils einen Spalt an das Ende der vier Stöcke. Befestige eine Schnur um das Gestell herum.
- Lege das Gestell auf ein Blatt Papier, das größer ist als es selbst, und schneide es zurecht.
- Knicke das Papier und klebe es zusammen.

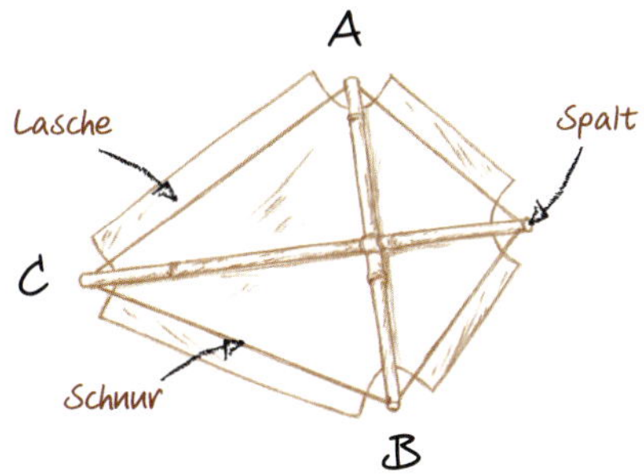

Der Schweif

- Nimm ein 1,20 m langes Seil und befestige einen Ring an dessen Ende (verwende den Lerchenkopf-Knoten). Bastle kleine Schleifchen und verbinde sie mit dem Seil (Kreuzknoten). Zum Schluss befestigst du das Seil an Punkt C.
- Für die Drachenleine verknote die lange Baumwollschnur mit den Außenseiten A und B des Gestells.

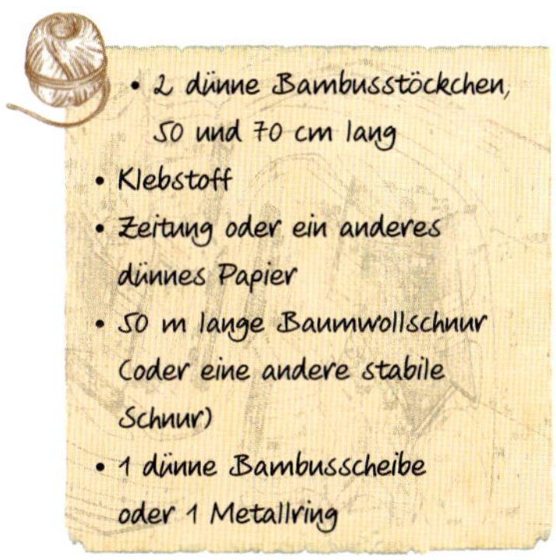

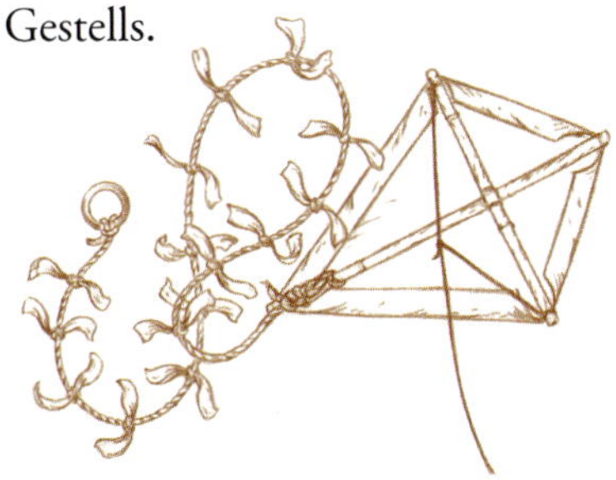

Passe die Länge des Schweifes an. Ist der Schweif zu schwer, verhindert er, dass der Drachen abhebt. Ist er zu leicht, gerät der Drachen ins Trudeln.

Der Flug

Wickle eine 10 m lange Schnur in Windrichtung ab. Halte die Schnur mit ausgestrecktem Arm und beginne, gegen den Wind zu laufen. Dabei wirft dein Freund den Drachen in die Luft. Sobald der Drache aufsteigt, höre auf zu laufen. Gib deinem Drachen so viel Schnur, wie er verlangt, bis zu dem Punkt, wo das Gewicht der Schnur ihn stabilisiert.

WÖRTERVERZEICHNIS

HOLZSTÜCKE

Balken
Mit einem großen Durchmesser ist er Bestandteil des Balkenwerks oder eine Stütze der Balkenlage. Ein kleiner Balken wird »Träger« genannt. Der »Hauptbalken« stützt das gesamte Bauwerk.

Pfahl
Er ist kurz und rund und dazu bestimmt, in den Boden hineingeschlagen zu werden.

Pfosten
Er wird senkrecht aufgestellt, um eine Anordnung oder einen Zaun zu stützen. Die Pfosten einer Brücke werden »Pfeiler« genannt. Die Pfosten von Möbeln (Tisch, Stühle ...) werden »Beine« genannt.

Querbalken
Er wird waagerecht beispielsweise auf Pfosten gestellt oder umrahmt ein Fenster.

Rundholz
Das ist ein Stück vom Ast oder vom kurzen und runden Stamm. Wenn es als Brennholz verwendet wird, wird es »Holzscheit« genannt.

Stange oder Stab
Ein länglicher Gegenstand, den man leicht im Unterholz findet. Man verwendet ihn beispielsweise, um einen Tisch herzustellen oder um ein Dach zu bauen.

Stock
Etwas stabiler und größer als ein Stab.

Zweig
Kleiner Ast vom Baum oder Strauch, im Allgemeinen aus demselben Jahr (junges Holz).

BACHBETT
Das ist der Boden eines Baches, auf dem das Wasser fließt. In Zeiten, wo es Hochwasser hat, wenn das Wasser steigt und der Bach über die Ufer tritt, sagt man auch, dass er sein »Hochwasserbett« nimmt.

BALKENGERÜST
Ein mit einem Querbalken gebildetes Bauwerk, das von zwei Pfosten gestützt wird.

BECHER oder HÜTCHEN
Das ist der kleine Kelch, der die Eichel festhält.

BINSEN
Pflanzen mit langen und biegsamen Stängeln, die an sehr feuchten Orten (Seeufer, Sümpfe) wachsen. Sehr nützlich zum Weben und für die Bedachung.

DREIBEIN
Ein Dreibein ist ein Bauwerk mit »drei Beinen«. Es ist aus drei Stangen zusammengesetzt, die an einem Ende zusammengefügt sind und am anderen Ende auseinandergespreizt auf den Boden gestellt werden. Es ist sehr viel stabiler als ein Pfosten. Es ist nicht notwendig, es in die Erde zu senken.

GINSTER
Strauch mit langen und biegsamen Zweigen. Früher hat man daraus Besen gemacht.

HANDLAUF
Das ist eine Stange, die auf der Seite des Brückenbelags in ungefähr 1 m Höhe angebracht ist. An ihr kann man sich mit der Hand abstützen, um nicht zu fallen.

FASERN
Längliche Fäden, aus denen die meisten Pflanzen zusammengesetzt sind. Sie verleihen ihnen Widerstandskraft und Anpassungsfähigkeit. Die Holzfasern sind alle in derselben Richtung angeordnet. Das nennt man »Holzfaserung«.

FLACHE STELLE
Einkerbung in einem Stück Holz, um eine flache Oberfläche zu bilden, die das Zusammenfügen erleichtert (es ist viel stabiler und haltbarer, zwei flache Oberflächen zusammenzufügen als zwei runde Stöckchen).

FUSSBODEN
Das ist eine ebene Oberfläche, auf der man läuft. Man spricht von einem »Brückenbelag« beim Fußboden einer Brücke und von einer »Platte« bei einem Tisch oder einer Hütte.

HOLZVERBINDUNG
Das ist eine Technik, um Holzstücke mit Seilen zu verbinden. Im Allgemeinen verbindet man das Seil durch einen Mastwurf mit dem ersten Stück Holz, dann macht man um die Verbindung herum einige Umdrehungen, bevor man mit einem Kreuzknoten den Vorgang beendet.

KERBE
Kleiner, im Holz üblicher Einschnitt. Man macht am Pfeilende eine Kerbe, um dort das Seil für den Bogen anzubringen.

KOHLENDIOXID
Der Baum nimmt das in der Luft enthaltene Kohlendioxid (CO_2) auf.
CO_2 = Kohlenstoff (C) + Sauerstoff (O)
Der Baum entzieht für seinen Aufbau Kohlenstoff und gibt dann wieder Sauerstoff ab. Wenn ein Baum brennt, vollzieht sich der umgekehrte Prozess: Er verbraucht den Sauerstoff der Luft (deshalb bläst man auf das Feuer) und gibt Kohlenstoff ab.

LEHRE
Messgerät, das dazu dient, die Maße eines Gegenstands oder die Abstände zwischen zwei Gegenständen zu überprüfen.

MATERIAL
Das ist der in der Herstellung verwendete Ausgangsstoff. In diesem Buch ist Holz das Grundmaterial.

MARK
Eine weiche Substanz, die in den Ästen bestimmter Sträucher, wie dem Holunder, enthalten ist.

SPLITTER
Kleines, spitzes Splitterholz, das sich in die Haut bohrt. Autsch!

STROH UND HEU
Das Stroh ist der Stängel des nach der Ernte bearbeiteten Getreides. Es wird zu »Bündeln« geschnürt und auf Stallböden ausgelegt. Heu ist gemähtes und getrocknetes Weidegras. Man gibt es den Tieren als Futter.

SCHAUFEL
Ein flaches Stück aus Holz (Metall oder Plastik), an einer Achse befestigt, das mit Flüssigkeit, Wasser oder Luft in Berührung kommt. Die Schaufel eines Ruders, eines Propellers bei einem Flugzeug oder eines Mühlrades.

DER HIRSCHKÄFER. EIN HOLZFRESSER
Im Stamm alter, modriger Eichen lebt die Larve des Hirschkäfers. Sie ist eine dicke Made, die über einen Zeitraum von vier Jahren den Baum abnagt. An einem schönen Morgen im Juli verlässt sie den Stamm, fällt auf die Erde, gräbt sich ein und verwandelt sich in einen wunderschönen Käfer. Er wird nicht länger als einen Monat leben. Zeit, um sich zu vermehren und eine Larve in eine neue Eiche abzulegen.

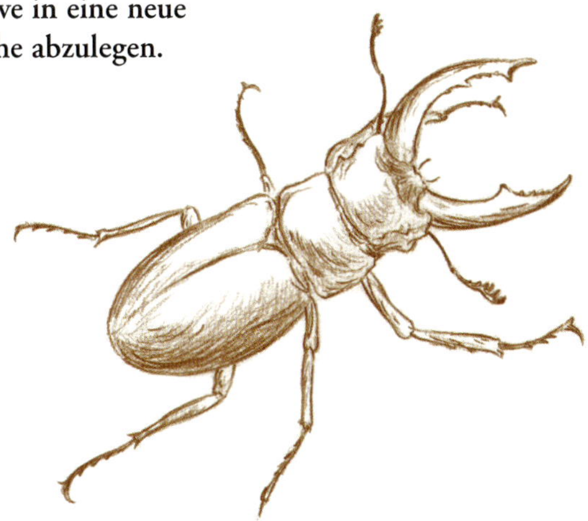